U0345730

人工湿地处理生活污水研究

许巧玲 著

吉林大学出版社

·长春·

图书在版编目（ＣＩＰ）数据

人工湿地处理生活污水研究 / 许巧玲著 . -- 长春：
吉林大学出版社，2021.9
ISBN 978-7-5692-8922-0

Ⅰ．①人… Ⅱ．①许… Ⅲ．①沼泽化地－污水处理
Ⅳ．① X703

中国版本图书馆 CIP 数据核字（2021）第 197079 号

书　　　名	人工湿地处理生活污水研究
	RENGONG SHIDI CHULI SHENGHUO WUSHUI YANJIU
作　　　者	许巧玲 著
策划编辑	李承章
责任校对	单海霞
装帧设计	上师文化
出版发行	吉林大学出版社
社　　　址	长春市人民大街 4059 号
邮政编码	130021
发行电话	0431-89580028/29/21
网　　　址	http://www.jlup.com.cn
电子邮箱	jdcbs@jlu.edu.cn
印　　　刷	广东虎彩云印刷有限公司
开　　　本	787mm×1092mm　1/16
印　　　张	11
版　　　次	2021 年 9 月　第 1 版
印　　　次	2021 年 9 月　第 1 次
书　　　号	ISBN 978-7-5692-8922-0
定　　　价	65.00 元

前　言

　　人工湿地污水处理是 20 世纪 70 年代发展起来的一种新型污水生态处理技术,其设计和建造是通过对湿地自然生态系统中的物理、化学和生物作用的优化组合来进行的。人工湿地是利用湿地中的植物、土壤,微生物等自然过程处理废水的人工设计的和建造的工程系统。人工湿地污水处理技术主要是利用湿地中的基质、植物和微生物三者的协同作用,通过一系列的物化及生物作用,达到污水净化的目的。人工湿地具有投资少、操作简单、维护和运行费用低、出水水质稳定等优点,特别是对有机物具有较强的处理能力,对富营养化废水也有较大处理优势,生态效益显著。根据废水流经的方式,人工湿地可以分为表面流人工湿地、潜流式人工湿地和垂直流人工湿地。

　　本书共分 8 部分,第 1 章主要论述了生活污水特点、现状,人工湿地的构成要素、净化机理等问题;第 2 章通过植物筛选实验,筛选了适合西南地区生长的湿地植物;第 3 章研究垂直流人工湿地对本地农村生活污水的去除效果;第 4 章了解垂直流人工湿地基质中污染物的空间分布特征;第 5 章研究湿地中酶活性与氮、磷去除之间的关系;第 6 章重点研究湿地植物的存在对污染物去除的影响;第 7 章研究了垂直流人工湿地的堵塞成因及缓解措施;附录收录了 5 篇和著作主题(湿地植物、氮磷去除、微生物作用、酶活性和湿地堵塞)相关的文章。本书具有较强的系统性、知识性和专业性,可供从事本行业人员参阅。

　　限于编著者水平和经验,且编著时间较紧,难免有疏漏、重复和其他令人不能满意的地方,欢迎广大读者和专家批评指正。

作者

2021 年 8 月

目　　录

第1章 绪 论

1.1 生活污水研究现状

1.1.1 中国水污染现状

　　长期以来,人们一直都认为水资源是取之不尽、用之不竭的资源,当人类无止境的索取超出了水资源的承受能力,加之人们的环保理念不够强,大量的水资源被人类所污染,从而引发严重的水资源危机,直到这时,人类才开始注意水资源保护的问题。水污染的来源包括工业污废水、城镇生活污水及农业面源污染等。据统计,自1998年以来,我国生活污水的排放量已远远超过工业废水的排放量,未经处理的大部分生活污水直接排放到自然水体中,造成了严重的水污染[1]。在我国2020年环境公报中提到长江、黄河、珠江、松花江、淮河、海河、辽河等七大流域及浙闽片河流、西北诸河和西南诸河水质优良(Ⅰ~Ⅲ类)断面比例为87.4%,同比上升8.3个百分点;劣Ⅴ类断面比例为0.2%,同比下降2.8个百分点。西北诸河、浙闽片河流、长江流域、西南诸河和珠江流域水质为优,黄河、松花江和淮河流域水质良好,辽河和海河流域为轻度污染。开展水质监测的112个重要湖泊(水库)中,Ⅰ~Ⅲ类水质湖泊(水库)比例为76.8%,同比上升7.7个百分点;劣Ⅴ类为5.4%,同比下降1.9个百分点。主要污染指标为总磷、化学需氧量和高锰酸盐指数。开展营养状态监测的110个重要湖泊(水库)中,贫营养状态湖泊(水库)占9.1%,中营养状态湖泊占61.8%,轻度富营养状态湖泊占23.6%,中度富营养状态湖泊占4.5%,重度富营养状态湖泊占0.9%。太湖和巢湖均为轻度污染、轻度富营养,主要污染指标为总磷;滇池为轻度污染、中度富营养,主要污染指标为化学需氧量和总磷;丹江口水库和洱海水质均为优、中度富营养;白洋淀为轻度污染、轻度富营养,主要污染指标为化学需氧量和总磷(中国环境公报,2020)。近几年,我国的污水排放总量持续增长。2014年中国城市污水年排放量445.34亿m³,2018年增至521.12亿m³。随着污水处理厂数量增加,污水处理能力提升,我国污水年处理量大幅提升。2014年污水年处理量401.62亿m³,2018年逼近500亿m³。目前,我国水处理已经形成完整的产业链,形成了成熟的污水处理工艺,污水处理率持续提升。2014年污水处理率90.18%,2018年达到95.49%。随着污水处理技术的进步,预计我国污水处理率将进一步提升。由于我国东部沿海等经济发达地区,地方政府的财政实力相对较强,人民群众收入水平较高,对环境保护和清洁环境的需求较大。同时,经济发达地区的人口集聚功能强,人口较为密集,城镇化水平较高,也更适宜于规模化污水处理设施的建设和运营。因此,我国东部沿海等经济发达地区的污水处理设施建设较为健全,污水处理行业发展相对较快。中西部经济较为落后的地区,由于财政综合实力有限、人口较为分散等,污水处理设施建设仍十分落后。由于农村经济条件限制以及居民环境保护意识的缺乏,许多村庄缺乏完善的污水收集系统,直排现象普遍。同时行政村污水垃圾治理相对缓慢,与城市、县城相比,污水垃圾等环境基础设施严重滞后。因此,城镇污水处理市场已趋于饱和,而村镇污水处理市场呈现一片蓝海。选择何种高效的处理方法就成为目前环保人士的奋斗目标。据有关文献报道,人工湿地的良好生态系统在城镇生活污水的治理中获得了非常好的社会环境效益[2]。人工湿地技术与传统污水处理法相比具有投资低、运行费用低、操作管理方便等优点。人工湿地具有很好的污染物处理效果,尤其是在去除氮磷污染物方面能力非常强。

1.1.2 农村生活污水处理技术概况

1. 生活污水的特点

随着生活水平提高,农村环境污染问题越来越严重,水资源利用也成为一个难题。环境的恶化,使农村生活用水污染严重,水质质量下降、地下水流失严重等。而农村生活污水主要来源于居民日常生活中产生的废水、畜禽养殖废水、灌溉回归水、洗涤用水及厨房污水等,且含有大量有机和无机污染物。农村生活污水的特征主要表现为农村人口居住相对分散、污染源不易集中、无统一污水收集管网、污水水量不稳定、水质成分复杂、没有专门的排放标准等[3]。由于我国农村居住比较分散,农村生活污水排放没有标准、不易集中,所以属于分散式农村生活污水。随着社会经济快速发展,人们的生活水平不断地提高,家庭生活设备的广泛使用所产生的废水成为生活污水的主要来源。生活方式的多样化以及科学技术的进步、消费日用品的广泛使用使越来越多的复杂成分进入生活污水中,甚至在某些地区生活污水中还混入了一定数量的工业废水,使生活污水的成分更加复杂化[4]。我国城镇生活污水概括起来具有三大特点[5]:其一,排水量大,与北方相比南方的排水量大;其二,生活污水的可生化性较好,因此通常采用生化法进行治理;其三,排水时段分布不均匀,而且具有很明显的季节差异性。

2. 生活污水处理技术

生活污水处理技术主要包括:生物法、膜分离技术、强化一级处理技术和人工湿地污水处理技术。下面分别简述各种处理技术在城镇生活污水中的应用概况。

1) 活性污泥法处理技术

活性污泥法是目前在城镇生活污水处理技术中最为成熟的一项技术,并且在城镇生活污水治理中得到广泛的应用[6]。活性污泥法是1912年由英国的Clark和Gage发明的,它是一种污水的好氧生物处理法。活性污泥法在污水处理过程中对有机物的降解可以分为两个阶段，即生物吸附阶段和生物稳定阶段。当污水中活性污泥与污水中的有机物接触时，由于活性污泥呈絮状且具有非常大的比表面积，通过表面上的黏性物质来吸附大分子有机物，在酶的作用下将大分子有机物分解为小分子有机物。这些小分子有机物通过渗透进入微生物细胞中进行氧化。在吸附饱和前，随着有机物吸附量的增加，活性污泥的吸附能力越来越弱，直至污泥丧失了吸附能力，通过生物氧化将吸附的有机物全部氧化分解，之后活性污泥才会恢复活性[7]。活性污泥法主要组成部分为曝气池、二次沉淀池、污泥回流系统和曝气系统。二次沉淀池底部的活性污泥通过回流系统与初次沉淀池流出的废水一同进入曝气池，形成混合液。在曝气池的作用下，使泥水进行充分接触，使废水得到净化。

1913 年 Edward Ardern 和 Lockett W. T. 在曼切斯特污水处理厂首次提出了活性污泥法。目前国内外关于利用活性污泥法处理城镇生活污水非常常见。李瑾等人根据厌氧-好氧活性污泥法的工艺原理，设计 A/O(anoxio/oxic)污水处理装置，且用它来处理生活污水，出水水质达到《城镇污水处理厂污染物排放标准》(GB 18918—2002)的二级标准，该工艺具有运行管理方便、占地面积少和耐冲击负荷能力强等优点[8]。邢延峰根据中小城镇污水的特点和处理技术的现状，介绍了目前城镇污水处理广泛采用的工艺有 AB，A/O，A^2/O(anaerobic，anox/ o xic)和氧化沟等[9]。

2）生物膜法处理技术

生物膜法主要依靠固定于载体表面上的微生物膜来降解污水中的有机污染物，生物膜是由高度密集的好氧菌、厌氧菌、兼性菌、真菌、原生动物及藻类等组成的生态系统，其附着的固体介质称为滤料或载体。生物膜法的原理是，生物膜首先吸附附着水层的有机物，由好气层的好气菌将其分解，再进入厌气层进行厌气分解，流动水层则将老化的生物膜冲掉以生长新的生物膜，如此往复以达到净化污水的目的。

国外有关文献报道，日本的小岛贞男选择蜂窝管式生物填料，在东京都玉川给水水源处理中运用了生物接触氧化处理法，美国新泽西州的部分污水处理厂采用了二级生物接触氧化处理法[9]。

3）厌氧处理工艺

目前，厌氧生物处理的对象主要是城市污水厂污泥以及高浓度的工业污水。厌氧生物处理是指在厌氧条件下，兼性微生物和厌水解氧微生物将有机物转化为二氧化碳和甲烷的过程。微生物厌氧分解有机物主要分为四个阶段，即水解阶段、酸化阶段、产乙酸阶段和产乙烷阶段。影响厌氧反应速率的因素非常多，包括反应温度、原水的浓度、原水pH、传质速率、营养物质的平衡及微量元素等。然而对于处理生活污水而言，影响较大的因素主要有反应温度、传质速率、原水浓度及微量元素的催化作用。杨健等人在低温和常温状态下对 AHR 反应器处理生活污水效果进行了比较，在低温下，不利于 SS(suspended subtance，县浮固体)的去除，常温工况下的污泥水解率要比低温高，因此常温下处理城镇生活污水是有可能的[10]。王松林等人通过低动力处理系统处理生活污水,厌氧处理的有机物去除率均大于 70%,由二级厌氧工艺＋微曝气低耗氧工艺组合的系统来处理生活污水,厌氧生物处理工艺具有操作简单、耗能低、降解效率高及维护管理方便等优点[11]。厌氧处理是个无机化学反应的过程,污水中的氮、磷含量是几乎不能被去除的,对水质中的氮、磷要求较高则可进行下一步的脱氮除磷处理[12]。

4)膜分离技术

膜分离技术是一种新型高效的污水处理技术,由于它具有固液分离效率高、出水水质好、占地面积小、操作维护方便等优点,因而越来越受到人们广泛的关注[13]。MBR (membrane bio reactor,膜生物反应器)在污水处理领域中应用开始于 20 世纪 60 年代的美国,越来越多的学者利用膜与其他工艺相结合来处理污水并且获得满意的效果。目前国内外广泛使用膜分离技术处理污水,国内的膜生物反应器主要用于中水回用工程,其处理对象主要是生活污水的处理。杨磊等人利用外压一体化中空纤维超滤膜生物反应器对生活污水进行试验研究,试验结果表明,水力时间为 5 h,膜通量为 44.2～110 L/h 时,其对生活污水中 COD(chemicol oxygen demand,化学需氧量)、浊度、SS 的去除率分别可以达到 90%,98%,100%,并且 COD 浓度低于 60 mg/L,出水水质非常稳定[14]。随着膜分离技术的快速发展,越来越多膜分离技术的应用从生活污水扩展到高浓度的有机废水和难降解的工业废水中。王连军等利用膜生物反应器对啤酒废水进行了试验研究,试验结果表明,在水力停留时间为 5 h,有机负荷为 3.54～6.26 kg/(m^3 · d)的条件下,其对 COD、氨氮、SS、浊度都有很高的去除率,膜出水水质好且稳定[15]。膜分离技术有其自身的局限性,例如膜极易受污染、清洗周期短且困难等缺点。

5)强化一级处理技术

近年来,随着经济快速的发展,我国城市污水排放量呈现逐渐增长的趋势。然而,解决城市污水污染的主要措施是建造以生物处理为主体工艺的二级城市污水处理厂,但是建设二级城市污水处理厂需要大量的经费和占地规模量大等,这对于发展中国家来说是很困难的[16]。强化一级处理技术是在一级处理基础上进行改造来提高污水处理效果的污水处理技术,因为普通一级处理对污染物的去除率效果较差,因而,各种类型的城市污水强化一级处理工艺应运而生。目前强化一级处理技术主要有化学强化一级工艺、生物强化一级工艺和化学生物絮凝工艺。化学强化一级工艺是在传统的一级处理基础上通过投加化学絮凝剂,以提高污染物及 SS 的去除率。Gambrill 等人采用了单级石灰处理工艺,试验结果显示:石灰投加浓度为 720 mg/L 时,COD、TP(total phosphorus,总磷)、浊度和 SS 的去除率均达到很高[17]。生物强化技术典型代表就是 AB 法,它是由德国的 Bohnke B 提出来应用到实际污水处理中的。AB 法将曝气池分为高低负荷两段,各有独立的沉淀和污泥回流系统,A 段负荷较高,B 段负荷较低。A 段采用了一级强化处理工艺,因此 AB 法工艺具有基建投资小,运行费用低、运行稳定性高等优点。尤作亮等人采用生物强化一级处理技术对生活污水进行了研究,试验结果表明,其对 COD,BOD(biochemical oxygen demand,生化需氧量),SS,有机氮的去除率分别为 69%,67%,87% 和 51%,而对 TP 的去除率只有 24% 且对氨氮几乎没有去除[18]。由上可知,生物强化一级工艺可以提高对有机污染物的处理效果,但对 TP 的去除效果差,难以解决水体富营养化的风险。化学生物强化一级处理技术综合利用两者的优点,因而其系统稳定性非常好。

6)人工湿地污水处理技术

人工湿地污水处理是 20 世纪 70 年代发展起来的一种新型污水生态处理技术,其设计和建造是通过对湿地自然生态系统中的物理、化学和生物作用的优化组合来进行的[19]。人工湿地是利用湿地中的植物、土壤、微生物等自然过程处理废水的人工设计和建造的工程系统[20]。人工湿地污水处理技术主要是利用湿地中的基质、植物和微生物三者的协同作用,通过一系列的物理、化学及生物作用,达到污水净化的目的。微生物群体是保持湿地生态系统实现生态净化功能及其物质能量转化的重要组成部分,大部分有机物和氮、磷营养物均是通过微生物作用去除的[21]。人工湿地具有投资少、操作简单、维护和运行费用低、出水水质稳定等优点,特别是对有机物具有较强的处理能力,生态效益非常显著[22]。根据废水流经的方式,人工湿地可以分为表面流人工湿地、潜流式人工湿地和垂直流人工湿地[23]。

(1)表面流人工湿地是指污水沿系统表面推进式前进,污水与系统中各组成部分发生一系列物理、生物和化学反应,净化后排出[24]。表面流人工湿地水位高度范围一般在 10～60 cm[25],10～80 cm[26],30～60 cm[27] 之间,水体可快速进行气体交换。虽然表面流人工湿地负荷比潜流人工湿地低,但表面流人工湿地污水直接与空气接触,易受环境温度影响,产生难闻的气味,一般实际应用较少[28]。表面流人工湿地结构如图 1.1 所示。

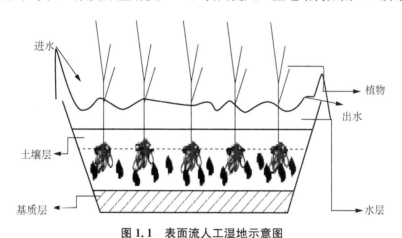

图 1.1　表面流人工湿地示意图

(2)水平潜流人工湿地净化水质是指污水从湿地基质表面以下由前端水平向终端流入,在流动过程中得到净化的过程[29]。水平潜流人工湿地主要应用于处理污染程度较低的污水,具有较好的除磷能力和反硝化能力[30]。由于其对悬浮物有较好的处理效果,与垂直流人工湿地相比不容易发生堵塞,运行时间相对较长[27,30]。水平潜流人工湿地污水不与空气直接接触、占地面积小、水力负荷大、受环境温度影响较小,实际应用较为广泛。目前,城镇和农村治理生活污水多采用水平潜流人工湿地[31]。水平潜流人工湿地结构如图1.2所示。

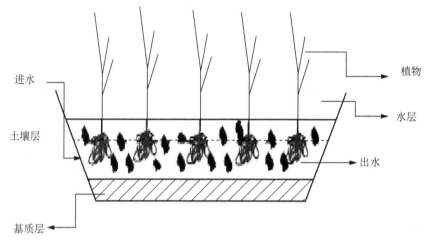

图1.2　水平潜流人工湿地示意图

(3) 垂直流人工湿地结合了以上两种人工湿地的特征,通过布水管进水和集水管出水控制污水垂直向下或向上流动,是一种对污水中氮、磷去除效果较好的污水处理技术系统[32]。有研究表示,垂直流人工湿地有较好的氨氮去除效果[33],对COD的去除比水平潜流人工湿地好[34]。污水垂直向下与植物根系、基质和微生物充分接触,基质层常处于不饱和状态,形成一个对于硝化作用有利的氧化环境,通常被用来处理以无机污染为主的污水[26,34]。垂直流人工湿地结构如图1.3所示。

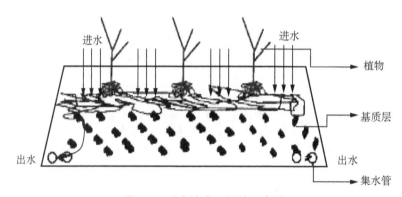

图1.3　垂直流人工湿地示意图

表面流人工湿地具有投资和运行费用低、操作维护方便等优点,但表面流人工湿地易受气候影响,夏季易滋生蚊蝇,冬季容易出现水面结冰现象等缺点。水平潜流人工湿地是指水流整体上呈现水平流动的状态,能充分利用整个系统的协同作用,受气候影响小,占地面积也较小。水平潜流人工湿地对有机物处理效果较强,但对氨氮处理效果较差。垂直流人工湿地因其污水在湿地内部流动,受季节和环境影响较小,占地面积小,布水比较均匀,供氧能力较强,硝化作用较充分,对有机物有更好的净化效果,因而得到广泛的应用[35]。

1.1.3 人工湿地构成要素及净化机理

人工湿地系统主要由植物、微生物和基质三大部分构成[36],主要通过湿地植物与基质、微生物间的协同作用去除水中污染物。其中,基质作为湿地生物膜负载的载体,具有良好的透水性,能支撑植物为其吸收污染物创造良好条件,同时也是各种生化反应的主要场所[29,32];基质在污染物的去除中占据一定的主导地位,主要以离子交换以及物理吸附的方式去除目标污染物。基质材料来源广泛,可概括为天然材料,工、农业副产品,以及人工介质[37]。湿地植物是指能在厌氧状态下以及饱和水中生存,具有良好除污能力的植物。不同类型之间的湿地植物净水功能效果具有显著差异,挺水湿地植物因其具有发达的植物根系,在湿地系统中能修复受污染水体和沉积物,在湿地治理污水过程起着重要作用[38]。微生物主要是较常见且广泛存在的好氧、兼氧和厌氧微生物种群,且微生物的活动是人工湿地系统中有机物降解的基础机制[39]。

1. 人工湿地构成要素

人工湿地除污过程主要是三个要素(湿地基质、植物、微生物)共同作用的结果[40]。

1)基质

基质是人工湿地的重要组成部分,基质是水生植物和微生物赖以生存的场所,不仅提供了良好的水力条件,而且其理化性质结构可以直接影响氮磷污染物的净化效果。传统人工湿地中的基质主要包括土壤、砂、砾石等,这些基质存在基质容易饱和、去污能力低等缺点。由于基质在人工湿地中发挥了重要的作用,因此国内外对人工湿地中的基质研究也越来越多。陈丽丽等人通过不同基质对磷的吸附性能进行了研究,结果表明,在溶液磷浓度为 5～150 mg/L 条件下,四种基质对磷素的吸附量顺序依次为红泥>陶瓷滤料>炉渣>水洗砂,四种基质对磷素的释放量顺序依次为炉渣>水洗砂>陶瓷滤料>红泥,得出陶瓷滤料更适合做人工湿地污水除磷基质[41]。徐丽花等人研究了沸石、沸石石灰石、石灰石 3 种填料对人工湿地的净化效果,结果表明,沸石和石灰石混合使用,两者发生了协同作用,其对 TN(total nitrogen,总氮)、TP 的去除效果均好于单独使用[42]。Batton 等人也利用石灰和其他填料组合来处理酸性矿区废水,取得了较好的效果[43]。汤显强等人研究页岩、粗砾石、铁矿石、麦饭石及其组合填料对污水净化效果进行分析,结果表明,在相同水力条件下,页岩对污水的净化效果最好,TN 去除率可以达到 88.9%,而各组合间的填料对污水净化效果差异不大[44]。丁怡等人指出,基质的类型、级配等因素会影响基质作用的发挥,不同基质对脱氮性能存在较大的差异,其中沸石和蛭石是目前公认脱氮效率高的两种基质[45]。朱文玲等人利用两种混合基质(蛭石+高炉渣、陶粒+高炉渣)构建模拟垂直流人工湿地处理化粪池出水,结果表明,蛭石＋高炉渣基质对 TN,TP 的去除效果要好于陶粒＋高炉渣系统,其对 TP 的去除率可以达到 71％以上[46]。王媛媛等人研究选择了沸石、草炭、蛭石、页岩、砂子 5 种基质,利用两组模拟土柱系统模拟人工湿地对生活污水的处理,主要研究基质种类及其深度对生活污水处理效果的影响,结果表明,各基质对 TN 的去除效果差异不大,沸石、蛭石及页岩的处理效果稍好,对 TP 的去除能力依次为草炭＞岩石＞砂子＞沸石＞蛭石,对 TN 来说,深度对各基质的处理效果无明显影响,对 TP 来说,在深度为 100 cm 以内时,5 种基质对 TP 的去除率均随深度的增加而增大[47]。

2）植物

植物是人工湿地的重要组成部分,在污水净化过程中起着非常重要的作用,具有"营养盐清道夫"之称[48]。人工湿地中植物包括挺水植物、沉水植物和浮水植物。采用具有经济价值的植物作为湿地植物不仅能够产生经济效益,而且还能带来景观价值。人工湿地选择湿地植物需考虑以下几种情况:根际要发达、适应当地条件、耐污能力强及净化效果好。因此,合理地选择搭配植物及保证其良好生长状况是人工湿地长期稳定运行的前提。湿地植物在人工湿地中的作用主要表现在以下四个方面:(1) 增加了系统和污水的接触面积,有利于悬浮物的去除;(2) 减少了污水的流动,有利于悬浮物的沉降;(3) 植物发达的根际,使系统不易被堵塞;(4) 植物具有输送氧气的作用,根系还具有分泌的功能,在冬季,植物可以防止湿地系统结冰,同时还具有一定的经济效益[49]。蒋跃平研究了处理观赏用轻度富营养化的人工湿地中植物的生长特性和氮磷去除作用,结果表明,植物吸收对氮磷的去除起着主要的作用——贡献率分别为 46.8％和 51.0％[50]。刘春常等人研究了几种常见的湿地植物在其生长阶段对污水处理的影响,结果表明,植物高度能反映污水处理效果总体上的变化,植物系统对氮的去除要好于植物系统,而对磷的去除恰好相反[51]。李林锋等人通过研究人工湿地植物对氮、磷的吸收能力,评价植物吸收在人工湿地脱氮除磷的贡献,结果表明,不同湿地植物其组织中 ω（TN），ω（TP）差异极显著[52]。郭亚平等人将不同类型湿地植物如凤眼莲、荇菜、稗草、黑藻、皇竹草、美人蕉等,引入城镇污水处理系统,考察其对污水处理的效果,实验发现,虽然植物对污水氮、磷营养元素的直接去除率分别只有 14.0％~59.4％和 8.6％~55.2％,但植物通过对过滤、截留及加强有机物降解转化的作用,对水体中污染物的去除具有协同效应[53]。Langergraber G 等研究了室外垂直潜流人工湿地对有机物、氮、磷的传输和反应进行了模拟。

3）微生物

在人工湿地中,微生物的类群是极其丰富的,而且不同类群具有不同的功能。微生物是维持人工湿地生态系统和实现生态净化功能及其物质和能量转化的重要组成部分。有研究表明,在人工湿地系统中,以细菌数量最多,其次为放线菌,最少为真菌[54]。在细菌种类中,又以硝化菌、反硝化菌等为主,这类细菌数量较多很可能与人工湿地进水水质有关[55]。由于这类细菌的存在,更加有利于污水的净化效果。微生物主要分布在基质及植物根系周围,因而对氮、磷污染物的去除具有非常重要的作用。有研究表明,人工湿地处理生活污水,其中70%的氮是通过微生物的硝化-反硝化作用去除的,微生物对磷的去除也具有一定的作用但不是主要作用[55]。杜刚等探讨处理微污染河水的人工湿地中微生物数量及其对污染物的净化效果的影响,研究结果表明,上层基质的微生物数量要高于下层基质,人工湿地微生物数量与水温呈显著正相关关系,与TP去除率不相关但与TN呈显著正相关[56]。

基质酶活性反映了基质中进行的各种生物化学过程的动力和强度,对生态系统的物质循环等具有重要的意义。各种酶的积累是基质微生物、基质动物和植物根系生命活动的结果。江福英等人以美人蕉、香蒲、垂穗莎草、玉带草为材料,研究了在人工湿地中根际与非根际基质中微生物数量和土壤酶活性特征,结果表明,四种植物根际脲酶和磷酸酶的活性都较非根际土高,湿地植物根际效应显著[57]。吴振斌等人通过对人工湿地植物根际磷酸酶和脲酶活性的测定发现,其脲酶的活性与总氮的去除率有明显的相关性,而磷酸酶与总磷的去除率相关性不显著[58]。有研究指出,湿地植物对污水的净化作用与其体内的过氧化氢酶有正相关性[59]。在人工湿地中,基质表层酶的活性最高,这主要是因为湿地植物根际主要分布在表层内,周围形成非常复杂的环境,微生物数量集中最多。

2. 人工湿地的净化机理

1）人工湿地对氮的去除机制

有研究认为,微生物的转化在人工湿地脱氮过程中发挥重要作用[60]。湿地中超过80%的氮是由微生物转化而去除的[61]。微生物作用主要包括硝化和反硝化作用,前者是指硝化细菌将氨氮转化为硝氮和亚硝氮,发生在好氧和低氧环境中;后者则是指反硝化细菌将硝氮和亚硝氮还原为N_2释放到大气中,从而达到污染物中氮的去除,该过程在厌氧环境中进行[62]。而当湿地系统水力负荷提高时,系统内部水流速加快,导致污染物内部微生物接触时间少,微生物难以进行硝化和反硝化[63],系统对氮的去除效果降低。有研究显示,去除含氮污染物的途径还包括湿地系统中微生物的氨化作用[64]。

2）人工湿地对磷的去除

人工湿地系统对磷的去除主要表现为物理和化学作用[65]。人工湿地基质中部分金属离子可通过离子交换作用将含磷废水中磷含量降低[66]。有研究发现,系统PH高于9.5时,磷酸根离子易与基质中的钙离子生成难溶性磷酸钙沉淀和稳定的羟基磷酸钙沉淀[67]。而系统处于碱性条件下时,污水中磷与基质中钙生成难溶性钙盐[68]。除物理吸附和化学沉淀外,人工湿地系统对污水中磷的去除还包含植物的吸收和积累植物生长过程中会分泌有机物,导致有机物积累,从而有利于系统对磷的去除[32, 69]。不同植物对磷的吸收存在不同特征,Mitchell等人选取了千屈菜、芦苇等植物作为研究对象研究其对磷的去除效果,结果表示,几种植物中,对磷去除效果最好的植物为香蒲,芦苇次之,之后依次为水葱和千屈菜[70]。

3）人工湿地对有机物的去除

人工湿地对污水中的有机物具有较强的去除能力。去除湿地中的有机物主要通过微生物、有机和无机物构成的生物膜来完成[71]，湿地中植物为满足自身生长需求而对水体中可利用态的有机物质进行吸收以及有些植物组织也可以吸收湿地中部分污染物，所以湿地植物对有机物的去除有促进作用[72, 73]。

4）人工湿地基质酶在湿地除污中的作用

土壤酶作为催化剂有效促进基质中有机质的化学反应，提高人工湿地出水质量[74-76]。人工湿地中腐殖质的合成和分解都有各种基质酶的参与，碳、氮、硫、磷等元素的生物循环过程中也有酶的参与[77]。

人工湿地系统中常见的基质酶主要蛋白酶、磷酸酶、脱氢酶、过氧化氢酶、脲酶等。其中，磷酸酶是可通过酶促反应水解磷酸酯释放出正磷酸盐[78]。土壤磷酸酶可将土壤中的偏磷酸盐、无机多聚磷酸盐等水解，并释放相应的无机磷和醇类，催化含磷有机物的水解[79]。脲酶是一种能酶解蛋白质分子中肽键水解的酰胺酶，在湿地系统脱氮过程中起重要作用[79]。脱氢酶属于氧化还原酶，能催化物质进行氧化还原反应，将土壤和微生物动物体内的过氧化氢水解为水和分子氧，减少过氧化氢对土壤和植物造成的毒害，通常存在于活细胞中[80]。

3. 影响垂直流人工湿地脱氮除磷的主要影响因素

1）温度

微生物的活性会受温度的影响，有研究认为硝化菌的最适宜生长温度是 $30 \sim 35$ ℃，实际在污水处理中这么高的温度一般很难达到，尤其在北方较寒冷的地区，水温明显限制硝化菌进行硝化作用[81]。还有研究指出，当水温低于 15 ℃时，硝化菌的活性下降幅度非常大，同时硝化速率也明显下降，而温度低于 5 ℃时，硝化细菌的生命活动停止处于休眠状态[82]。黄海燕研究了温度对人工湿地去除氨氮的影响，结果表明，污水中氨氮去除率受温度影响很大，在 $16 \sim 28$ ℃之间，氨氮的去除效果较好，温度越低，氨氮出水浓度就会越大，相应的去除率就会越小[83]。但也有研究指出，温度在湿地系统内对有机物的去除作用不显著，不存在明显的相关性[84]。

2）pH 值

pH 值是影响微生物脱氮除磷的一个重要影响因素，这主要是因为微生物的代谢作用是酶参与完成的，而酶作用的 pH 值范围较窄，因而微生物的生命活动只能在一定的 pH 条件下才能发生。有研究指出，湿地系统的 pH 值变化规律与氨氮的氧化反应密切相关[85]。凌云等人研究了芦苇人工湿地根际微生物变化及其对根际生境的影响，结果表明，由于根际泌氧作用，使得根际区的硝化细菌明显高于非根际区，根际土壤的 pH 值要略低于非根际[86]。土壤 pH 值对除磷效果影响显著，在 pH 值较低时，土壤中引起磷吸附和沉淀的主要元素为铁和铝[87]。研究表明，铝元素除磷的最佳 pH 值在 $6 \sim 8$ 之间[88]，铁元素除磷的最佳 pH 值范围是 $5 \sim 7$[89]。还有研究指出，当废水的 pH 值超过 $8 \sim 9$ 时，钙被认为是引起磷吸附沉淀的主要土壤元素[90]。

4.人工湿地堵塞的研究

1）人工湿地堵塞机理

人工湿地作为处理污水的一种生态手段,通过植物、微生物和基质的共同作用对污水起到净化作用。而人工湿地在处理污水的过程中,随着污染物在湿地中的积累,人工湿地则会出现堵塞现象。目前许多研究结果表明人工湿地堵塞主要经过以下三个过程。

（1）堵塞的过程:人工湿地堵塞是一个非常复杂的过程,一般可分为三个阶段。首先,微生物在湿地表面逐渐形成生物膜,使表层的渗透系数有所下降[91];其次,人工湿地基质的渗透性逐渐降低;最后,人工湿地出现雍水现象,使湿地出现厌氧状态,在微生物及各种因素的综合作用下,湿地基质的孔隙完全堵塞,净水能力减弱[92]。

（2）堵塞的成分:对于人工湿地堵塞成分的研究,许多学者认为人工湿地的堵塞成分主要是进水污染物的总悬浮物被基质截留在表面以及进水的不可滤物质在湿地中不断积累的过程[93,94]。

（3）堵塞的位置:人工湿地堵塞的位置,不同学者的研究也有所不同。付贵萍[95]等人研究认为渗透系数较小主要出现在 15～30 cm 处;叶建峰等人[94]研究发现位于湿地系统 10～20 cm 处是形成堵塞的主要区域;还有一些国外学者研究发现处于 0～20 cm 处出现的有机物较多[96,97]。尽管许多研究结果都有偏差,但大多研究表明基质的堵塞位置都出现在上中层。

2）人工湿地堵塞对除污的影响

人工湿地对污水中的许多有机物与悬浮物的去除主要是通过基质的截留作用。研究表明,湿地基质的粒径大小会影响湿地系统的除污效果,粒径越小,则除污效果越好,但容易形成堵塞,导致湿地系统对 TP 的去除效果降低[98]。也有研究发现,湿地的堵塞对 COD和氨氮的去除有影响,其中,氨氮的去除影响较为明显,去除率下降且去除率不稳定[99]。同时,人工湿地的堵塞会导致基质渗透系数下降,过水能力差,系统失去正常的污水处理功能,导致湿地出现积水和雍水现象,使湿地系统出现厌氧状态,许多好氧微生物缺氧而死,影响系统的硝化与反硝化能力,使湿地系统的除污效果降低[100]。人工湿地的堵塞不仅会影响对污水的净化能力,还会缩短人工湿地的寿命[101]。

1.1.4　垂直流人工湿地在城镇生活污水处理中的应用研究进展

1990 年,我国建成了第一个人工湿地处理系统,即深圳白泥坑污水处理系统,处理水量为 4 500 t/d,占地规模为 12.6 亩（1 亩＝666 667 m²）,进水 BOD 浓度为 100 mg/L,SS为 150 mg/L,出水浓度均可达到 30 mg/L,达到城市污水排放二级标准[102]。李海刚利用复合垂直流人工湿地处理生活污水,结果表明,废水经处理之后可以达到国家二级排放标准,直接排入江河中[103]。涂汉等人研究了以竹炭和砾石为组合填料,比较了水平潜流和垂直流人工湿地对生活污水的净化效果,结果表明,两种人工湿地对生活污水均有很好的净化效果,两者对污染物的去除效果接近[104]。李秋华等人采用复合垂直流人工湿地技术对城镇生活污水进行处理,研究了对主要污染物指标的去除效果,结果表明,在间接供水运行中,出水 TN,COD 和氨氮去除率均优于《城镇污水处理厂污染物排放标准》(GB 18918—2002)一级 A 标准。陈和平等人采用了厌氧接触氧化池/人工湿地处理生活污水,结果表明,氮、磷含量较高,该处理方法克服了人工湿地容易堵塞的缺点,具有运行效果稳定、操作简单、运行费用低廉等优点[105]。李丽等人针对城镇生活污水,开展了水力负荷对人工湿地脱氮效果的研究,结果表明,人工湿地对城镇生活污水均有较好的处理效果,同时复合垂直流人工湿地的脱氮效果要优于潜流人工湿地[106]。

1.2 研究目的和内容

1.2.1 研究目的与意义

目前我国的水环境污染问题较为突出,饮用水源也受到了很严重的威胁。原因来自很多方面,城市生活污水未经任何处理直接排放,造成了城市水环境、江河湖泊及海洋水环境的污染。此外,禽畜养殖废水、农业面源污染及农村生活污水等问题越来越显著。为了落实党中央提出的"加快农业和农村污染防治,保护农村饮用水源地,确保生存环境和食品安全"的要求,控制水体富营养化,大力发展低投资、低能耗和低运行维护要求的人工湿地污水处理技术是必要的也是迫在眉睫的。人工湿地具有对污水处理效果好,出水水质稳定,同时维修管理方便等优点。人工湿地现已经成为污水处理的主要技术。因此,有关人工湿地净化污水机理的研究是我国国民经济和社会发展中迫切需要解决的现实问题。

(1) 开展人工湿地中湿地植物筛选研究。湿地植物在湿地系统处理污水中具有至关重要的作用,植物的生长对污染物去除具有一定促进作用。不同种类的湿地植物所需要的生长环境不同,在去除有机物及污染物质时所起的作用效果,以及在生态系统中的地位也不同。湿地植物选择在人工湿地处理污水中是关键的一环,影响着湿地对污水的净化效果。同一种湿地植物在不同的环境中,对污水的净化效果不同。所以我们有必要研究湿地植物在各种条件下的除污效果。设计湿地植物的水培实验可以进一步了解湿地植物在净化水质中的作用,同时排除基质等因素的干扰。充分了解湿地植物的除污效果,可以为选择合适的湿地植物提供重要依据,有利于我们构建合适的人工湿地。合适的人工湿地在达到除污效果的同时,也可以在水土保持方面做出一定的贡献。本研究探究美人蕉、风车草、鸢尾、铜钱草、泽泻、水葱、芦竹、再力花这 8 种湿地植物在水培条件下的除污效果。了解这 8 种湿地植物的除污情况,为构建人工湿地选取合适的湿地植物提供一定理论依据。

(2) 开展垂直流人工湿地对污染物氮、磷去除机理与研究理由。随着经济的快速发展,我国面临的水污染问题越来越严重,各行业用水紧张的局面也不断扩大。国内外的水处理工艺外局限于二级工艺,这主要由于实际运行的时候受到污水量大、费用高、设备维护复杂等因素的影响,处理后的污水仍处于富营养化。人工湿地是一项生态污水处理技术。人工湿地由于其利用自然生态系统的联合作用(物理、化学、生物)共同处理污水的过程,具有效力高、投资低、运转费低、维持费低等优点,在许多污水治理方面得到广泛的应用。目前人工湿地对氮磷的去除效果不佳,因此更有必要进行垂直流人工湿地对氮磷去除机理的研究。

(3) 开展垂直流人工湿地土壤酶的空间分布研究。微生物是地球生态系统中的分解者,在环境污染物的降解转化、资源的再生利用、生态环境保护等方面发挥了重要的作用。微生物是人工湿地对污染物去除的主要参与者,但微生物的活性与酶是分不开的,因此,了解酶的空间分布对与探讨污染物的迁移转化规律是很有必要的。

(4) 开展人工湿地堵塞机理研究。人工湿地随着时间运行,堵塞是不可避免的结果,因此研究湿地堵塞机理,分析堵塞原因对湿地运行推广有现实意义。

1.2.2　研究内容

(1) 筛选适合本地生长的湿地植物,为本地人工湿地推广提供植物材料。

(2) 主要研究对生活污水中氮、磷的去除机制,考察垂直流人工湿地对氮、磷的净化效果。

(3) 研究了垂直流人工湿地中的基质对污染物的截留作用。本试验进行了基质污染物的测定,研究污染物在垂直流人工湿地基质中的积累大小及纵向沿程分布规律。本试验测定了土壤中的氨氮、硝氮、总氮、总磷、有机质等指标的测定,考察垂直流人工湿地基质对污染物的截留能力及大小。同时还探明了垂直流人工湿地基质中污染物的沿程分布以及酶的空间分布情况,找出了酶与污染物之间的关系。

(4) 研究垂直流人工湿地中的植物对污染物氮、磷去除作用。考察试验中的植物不同组织中氮、磷的分布情况,分析植物在垂直流人工湿地中对污染物的去除作用,通过每个月收割植物,了解植物在垂直流人工湿地中的生长情况。

(5) 研究垂直流人工湿地堵塞机理。研究堵塞原因,为湿地长期运行提供支持。

参考文献

[1] 王啸宇,崔杨,陈玫君.中国水污染现状及防治措施[J].甘肃科技,2013,29(13):34-35.

[2] 潘科,杨顺生,陈钰.人工湿地污水处理技术在我国的发展研究[J].四川环境,2005(02):71-75.

[3] 马若霞,杨彬.农村生活污水的特点和主要处理技术[J].科技风,2019(06):106.

［4］王凯军.城市污水生物处理新技术开发与应用[M].北京:化学工业出版社,2001.

［5］郭小情.浅析中小城镇生活污水处理技术[J].黑龙江科技信息,2012(27):47－76.

［6］陈琳.城镇生活污水处理问题研究[J].科技传播,2014,6(07):125－196.

［7］程素春.浅谈好氧活性污泥法在污水治理中的应用[J].改革与开放,2010(14):116.

［8］李瑾,柴立元,向仁军,等.厌氧-好氧活性污泥法(A/O)一体化装置处理生活污水的中试研究.中南大学学报(自然科学版),2011,10:2935-2940.

［9］邢延峰.中小城镇城市污水处理技术国内外发展动态[J].黑龙江环境报,2011,35(04):39－41.

［10］张晓磊.水源水质原位改善的强化生物接触氧化技术实验研究[D].西安:西安建筑科技大学,2008.

［11］杨健,刘宁,陆志波,等.低温和常温状态下AHR反应器处理生活污水效果比较研究[J].环境工程学报,2008(11):1496－1500.

［12］王松林,苏雅玲,何义亮,等.低动力生活污水处理系统的中试研究[J].水处理技术,2005(11):76－78.

［13］王静.矿区生活污水厌氧处理工艺中试研究[J].能源环境保护,2003(01):39－40.

［14］阮培红.膜生物反应器在我国的研究应用进展及存在的问题[J].上海轻工业,2006:26－29.

［15］杨磊,王栋,张静姝,等.超滤膜生物反应器处理生活污水的试验研究[J].膜科学与技术,1999(03):31－33.

［16］王连军,蔡敏敏,荆晶,等.无机膜—生物反应器处理啤酒废水及其膜清洗的试验研究[J].工业水处理,2000(02):34－36.

［17］蒋展鹏,尤作亮,师绍琪,等.城市污水强化一级处理新工艺——活化污泥法[J].中国给水排水,1999(12):1－5.

［18］Gambrill M P, Mara D D. Physicochemical treatment of tropical wastewaters-production of microbiologically safe effluents for unrestricted crop irrigation[J]. Waterence & Technology, 1992,26(7－8):1449－1458.

［19］尤作亮,蒋展鹏,师绍琪,等.回流污泥强化城市生活污水一级处理的研究[J].给水排水,1999(04):15－17.

［20］张岩,李秀艳,徐亚同,等.8种植物床人工湿地脱氮除磷的研究[J].环境污染与防治,2012,34(08):49－52.

［21］Vymazal J. Removal of nutrients in various types of constructed wetlands[J]. Science of The Total Environment, 2007,380(1－3):48－65.

［22］Pohland F G A B. Design and operation of landfills for optimum stabilization and biogas production [J]. Water Science & Technology, 1994,30(12):117－124.

［23］Dong H, Qiang Z, Li T, et al. Effect of artificial aeration on the performance of vertical-flow constructed wetland treating heavily polluted river water[J]. Journal of Environmental Sciences, 2012,24(4):596－601.

［24］崔理华,卢少勇.污水处理的人工湿地构建技术[M].北京:化学工业出版社,2009.

［25］张坤,张海珍,于文涛.人工湿地系统在处理畜禽养殖废水中的应用[J].黑龙江环境通报,2017,41(02):86－88.

［26］田卫.表面流人工湿地净化污水的应用研究[D].长春:吉林大学,2004.

［27］宿军勇.湿地组合工艺处理污水处理厂尾水的性能研究[D].济南:山东大学,2017.

[28] 白雪原.水平潜流人工湿地用于城镇污水厂尾水深度脱氮的研究与实践[D].长春:东北师范大学,2020.

[29] 刘锐.表面流人工湿地和强化生态塘组合工艺净化市区河水研究[D].哈尔滨:哈尔滨工业大学,2012.

[30] 王晓宇.水平潜流人工湿地对府河河水的处理效能及其运行特征研究[D].北京:北京林业大学,2020.

[31] 肖宇芳,王文忠,王文,等.水平潜流和垂直流湿地处理蓟运河水的效果比较[J].中国给水排水,2010,26(07):12-15.

[32] 李小艳,丁爱中,郑蕾,等.1990—2015年人工湿地在我国污水治理中的应用分析[J].环境工程,2018,36(04):11-17.

[33] 邢芳芳.复合垂直流人工湿地设计与污染物去除效果研究[D].沈阳:辽宁大学,2020.

[34] 鄢璐,王世和,刘洋,等.人工湿地氧状态影响因素研究[J].水处理技术,2007(01):31-34.

[35] 厉彦妮.垂直潜流人工湿地脱氮效果及其系统动力学模型研究[D].北京:中国地质大学(北京),2020.

[36] 孙文杰,余宗莲,关艳艳,等.垂直流人工湿地净化污水的研究进展[J].安全与环境工程,2011,18(01):25-28.

[37] 张军,周琪,何蓉.表面流人工湿地中氮磷的去除机理[J].生态环境,2004(01):98-101.

[38] 曾倩.曝气强化垂直流人工湿地中三种基质除污效果的研究[D].青岛:青岛大学,2019.

[39] 王伟莹.人工湿地典型植物根系周围微生物群落结构与净水关系的研究[D].长春:东北师范大学,2020.

[40] 梁威,胡洪营.人工湿地净化污水过程中的生物作用[J].中国给水排水,2003(10):28-31.

[41] 郭迎庆,张玉先,李定龙,等.人工湿地生态系统脱氮除磷机理及研究进展[J].给水排水,2009,45(S1):114-118.

[42] 陈丽丽,赵同科,张成军,等.不同人工湿地基质对磷的吸附性能研究[J].农业环境科学学报,2012,31(03):587-592.

[43] 徐丽花,周琪.不同填料人工湿地处理系统的净化能力研究[J].上海环境科学,2002(10):603-605.

[44] Barton C D, Karathanasis A D. Renovation of a failed constructed wetland treating acid mine drainage[J]. Environmental Geology, 1999,39(1):39-50.

[45] 汤显强,李金中,李学菊,等.人工湿地不同填料去污性能比较[J].水处理术,2007(05):45-48.

[46] 丁怡,宋新山,严登华.不同基质在人工湿地脱氮中的应用及其研究进展[J].环境污染与防治,2012,34(05):88-90.

[47] 朱文玲,崔理华,朱夕珍,等.混合基质垂直流人工湿地净化废水效果[J].农业工程学报,2009,25(S1):44-48.

[48] 王媛媛,张衍林.人工湿地的基质及其深度对生活污水中氮磷去除效果的影响[J].农业环境科学学报,2009,28(03):581-586.

[49] Mitchell D S, Chick A J, Raisin G W. The use of wetlands for water pollution control in Australia: An ecological perspective[J]. Water Science & Technology, 1995,32(3):365-373.

[50] 尹士君,汤金如.人工湿地中植物净化作用及其影响因素[J].煤炭技术,2006(12):115-118.

[51] 蒋跃平,葛滢,岳春雷,等.人工湿地植物对观赏水中氮磷去除的贡献[J].生态学报,2004(08):1720-1725.

[52] 刘春常,安树青,夏汉平,等.几种植物在生长过程中对人工湿地污水处理效果的影响[J].生态环境,2007(03):860-865.

[53] 李林锋,年跃刚,蒋高明.植物吸收在人工湿地脱氮除磷中的贡献[J].环境科学研究,2009,22(03):337-342.

[54] 郭亚平,吴晓芙,胡曰利.湿地植物在城镇污水处理系统中的作用特性研究[J].环境科学与技术,2009,32(02):141-146.

[55] 付融冰,杨海真,顾国维,等.人工湿地基质微生物状况与净化效果相关分析[J].环境科学研究,2005(06):46-51.

[56] 黄健,赵晓芬.微生物在人工湿地污水处理中的研究进展[J].海洋湖沼通报,2012(02):151-156.

[57] 杜刚,黄磊,高旭,等.人工湿地中微生物数量与污染物去除的关系[J].湿地科学,2013,11(01):13-20.

[58] 江福英,陈昕,罗安程.几种植物在模拟污水处理湿地中根际微生物功能群特征的研究[J].农业环境科学学报,2010,29(04):764-768.

[59] 吴振斌,梁威,成水平,等.人工湿地植物根区土壤酶活性与污水净化效果及其相关分析[J].环境科学学报,2001(05):622-624.

[60] 杜少文.湿地植物污水净化效果及其机理的初步研究[D].青岛:中国海洋大学,2011.

[61] Faulwetter J L, Gagnon V, Sundberg C, et al. Microbial processes influencing performance of treatment wetlands: A review[J]. Ecological Engineering, 2008,35(6).

[62] 张玲,崔理华.人工湿地脱氮现状与研究进展[J].中国农学通报,2012,28(05):268-272.

[63] 方晶晶,马传明,刘存富.反硝化细菌研究进展[J].环境科学与技术,2010,33(S1):206-210.

[64] 韩群.新型潜流人工湿地处理农村生活污水灌溉尾水的研究[D].南京:东南大学,2018.

[65] 商迎迎.不同植物人工湿地脱氮效果及微生物多样性研究[D].泰安:山东农业大学,2017.

[66] 曹向东,王宝贞,蓝云兰,等.强化塘-人工湿地复合生态塘系统中氮和磷的去除规律[J].环境科学研究,2000(02):15-19.

[67] 柯德峰.人工湿地基质的筛选及其除磷机理研究[D].武汉:武汉理工大学,2016.

[68] Madsen H E L, Christensson F, Polyak L E, et al. Calcium phosphate crystallization under terrestrial and microgravity conditions[J]. Journal of Crystal Growth, 1995,152(3).

[69] 张荣社,周琪,史云鹏,等.潜流构造湿地去除农田排水中磷的效果[J].环境科学,2003(04):105-108.

[70] Greenway M, Woolley A. Constructed wetlands in Queensland: Performance efficiency and nutrient bioaccumulation[J]. Ecological Engineering, 1999,12(1).

[71] Mitchell D S, Chick A J, Raisin G W. The use of wetlands for water pollution control in Australia: An ecological perspective[J]. No longer published by Elsevier, 1995,32(3).

[72] 朱自干,李谷,吴恢碧,等.复合池塘养殖系统湿地水质净化功能研究[J].淡水渔业,2009,39(05):62-66.

[73] 谢龙,汪德爔,戴昱.水平潜流人工湿地有机物去除模型研究[J].中国环境科学,2009,29(05):502-505.

[74] 董玉峰.复合湿地净水效果的评价及优化技术的研究[D].上海:上海海洋大学,2014.

［75］岳春雷,常杰,葛滢,等.复合垂直流人工湿地基质酶活性及其与水质净化效果之间的相关性［C］.合肥:湖泊保护与生态文明建设——第四届中国湖泊论坛,2014.

［76］Shackle V J, Freeman C, Reynolds B. Carbon supply and the regulation of enzyme activity in constructed wetlands［J］. Soil Biology and Biochemistry, 2000,32(13).

［77］Kang H, Freeman C, Lee D, et al. Enzyme activities in constructed wetlands: Implication for water quality amelioration［J］. Hydrobiologia, 1998,368(1-3).

［78］李智,杨在娟,岳春雷.人工湿地基质微生物和酶活性的空间分布［J］.浙江林业科技,2005(03):1-5.

［79］高朝阳.水培—复合人工湿地工艺中基质酶活性空间分布及其与水质净化效果的相关性研究［D］.西安:西安建筑科技大学,2011.

［80］Criquet S, Ferre E, Farnet A M, et al. Annual dynamics of phosphatase activities in an evergreen oak litter: influence of biotic and abiotic factors［J］. Soil Biology and Biochemistry, 2004,36(7).

［81］刘红梅.氮沉降对贝加尔针茅草原土壤碳氮转化及微生物学特性的影响［D］.北京:中国农业科学院,2019.

［82］Buth R D. Annual Conference Issue || Nitrite Build-Up in Activated Sludge Resulting from Temperature Effects［J］. Journal, 1984,56(9):1039-1044.

［83］Mauret M, Paul E, Puech-Costes E, et al. Application of experimental research methodology to the study of nitrification in mixed culture［J］. Water Science & Technology, 1996,34(1):245-252.

［84］黄海燕.负荷及温度对人工湿地去除氨氮的影响［J］.江西化工,2006(04):55-58.

［85］涂盛辉,万金保,曾艳,等.负荷及温度对人工湿地去除有机物的影响［J］.南昌大学学报(工科版),2009,31(04):313-316.

［86］张杰,付昆明,曹相生,等.序批式生物膜CANON工艺的运行与温度的影响［J］.中国环境科学,2009,29(08):850-855.

［87］凌云,丁浩,徐亚同.芦苇人工湿地根际微生物效应研究［J］.农业系统科学与综合研究,2008(02):214-216.

［88］董婵,崔玉波,余丹,等.垂直潜流人工湿地污水处理特性［J］.工业用水与废水,2006(05):20-24.

［89］Zhu T, Jenssen P D, Mhlum T, et al. Phosphorus sorption and chemical characteristics of lightweight aggregates (LWA)—potential filter media in treatment wetlands［J］. Water Science & Technology, 1997,35(5):103-108.

［90］Robertson W D, Harman J. Phosphate Plume Persistence at Two Decommissioned Septic System Sites［J］. Groundwater, 2010,37.

［91］Holford I, Patrick W. Effects of reduction and pH changes on phosphate sorption and mobility in an acid soil［J］. Soil Science Society of America Journal, 1979,43(2):292-297.

［92］贺映全,曹红军,胡武林,等.垂直流人工湿地基质堵塞分析与处理措施［J］.山西建筑,2019,45(10):175-176.

［93］熊佐芳.垂直流人工湿地基质堵塞问题及解决方法研究［D］.南宁:广西大学,2011.

［94］Aracelly C, Joan G. Effect of physico-chemical pretreatment on the removal efficiency of horizontal subsurface-flow constructed wetlands.［J］. Environmental pollution (Barking, Essex: 1987), 2007,146(1).

［95］叶建锋,徐祖信,李怀正.垂直潜流人工湿地堵塞机制:堵塞成因及堵塞物积累规律［J］.环境科学,2008(06):1508-1512.

［96］付贵萍,吴振斌,张晟,等.构建湿地堵塞问题的研究［J］.环境科学,2004(03):144-149.

［97］L N. Accumulation of organic matter fractions in a gravel-bed constructed wetland.［J］. Water science and technology: a journal of the International Association on Water Pollution Research, 2001,44(11-12).

［98］Tanner C C, Sukias J P. Accumulation of organic solids in gravel-bed constructed wetlands［J］. No longer published by Elsevier, 1995,32(3).

［99］焦义利,黄伟,王国强.不同基质填料对人工湿地运行效果研究［J］.西部皮革,2016,38(14):35.

［100］熊佐芳,周云新,冼萍,等.水力负荷对垂直流人工湿地堵塞影响研究［J］.水处理技术,2011,37(07):34-36.

［101］张清靖,曲疆奇,贾成霞.人工湿地基质堵塞及其防治措施［J］.中国水产,2018(12):109-111.

［102］尚文,杨永兴,韩大勇,等.人工湿地基质堵塞问题及防治新技术研究［J］.安徽农业科学,2012,40(28):13945-13947.

［103］成先雄,严群.农村生活污水土地处理技术［J］.四川环境,2005(02):39-43.

［104］李海刚.农村生活污水的复合垂直流人工湿地处理［J］.科技信息,2011(09):770-771.

［105］涂汉,刘强,龙婉婉,等.水平潜流和垂直流人工湿地对生活污水净化效果的比较研究［J］.井冈山大学学报(自然科学版),2013,34(05):31-35.

［106］陈和平,张慎,朱建林,等.厌氧接触氧化池/垂直流人工湿地处理农村生活污水［J］.宁波大学学报(理工版),2008,21(04):568-570.

［107］李丽,王全金,胡常福,等.潜流与复合垂直流人工湿地处理村镇生活污水试验［J］.工业水处理,2014,34(01):33-36.

第 2 章　湿地植物的筛选试验

2.1　引言

湿地植物是人工湿地系统的重要组成部分,具有重要的生态功能,在人工湿地系统除污中占有重要地位。已有研究结果表明,湿地植物水质净化效果体现了人工湿地系统除污效果。本试验主要研究 8 种湿地植物在水培条件下的除污效果,以期为本地区人工湿地植物选择提供依据。

本研究通过室内静态水培实验,初步研究了美人蕉、再力花、水葱、泽泻、鸢尾、铜钱草、风车草、芦竹这 8 种湿地植物在人工配制营养液中的净化效果及根系活力大小。结果表明:(1) 不同湿地植物之间的根系活力不同,8 种湿地植物的根系活力大小为风车草＞鸢尾＞芦竹＞美人蕉＞水葱＞铜钱草＞泽泻＞再力花;(2) 8 种湿地植物对 TN 均具有较好的去除效果,根系活力与 TN 去除率之间存在极显著的正相关关系;(3) 湿地植物中磷的去除与铁的浓度关系密切。

2.2　材料与方法

2.2.1　试验材料

1. 供试植物

本次水培试验选取了 8 种湿地植物,这 8 种湿地植物的基本情况如表 2.1 所示。试验用植物均在贵安新区月亮湖边采集。

表 2.1　选取湿地植物概况

名称	科属	生长习性
美人蕉	美人蕉科美人蕉属	株高可达 1.5 m,不耐寒,适应于肥沃黏质土壤
风车草	莎草科莎草属	株高 60～150 cm,耐阴不耐寒,喜温暖湿润和腐殖质丰富的黏性土壤

名称	科属	生长习性
鸢尾	天门冬科鸢尾属	耐寒性较强,喜阳光充足
铜钱草	伞形科天胡荽属	直立部分高 8~37 cm,适应性强,喜温潮湿
泽泻	泽泻科泽泻属	块茎 1~3.5 cm,生于湖泊、溪流、水塘等浅水带
水葱	莎草科藨草属	生于湖边或潜水塘中,可耐低温
芦竹	禾本科芦竹属	喜温暖,喜水湿,耐寒性不强,生于河岸道旁、砂质壤土中
再力花	禾本科芦竹属	好温暖水湿、阳光充足,不耐寒,在微碱性土壤中生长良好

2. 试验原水水质

进行水培实验水体为人工合成的营养液,每盆植株加营养液 3 L。营养液配制如表 2.2 所示。

表 2.2 培养植物的营养液组成

试剂	24 L 水中母液用量	母液浓度/(g/L)
KNO_3	24.0 mL	101.10
$Ca(NO_3)_2 \cdot 4H_2O$	16.0 mL	236.16
$NH_4H_2PO_4$	2.4 mL	115.08
$MgSO_4 \cdot 7H_2O$	4.0 mL	246.48
微量元素	8.0 mL	—
NaFeDTPA	4.0 mL	9.80
淀粉	8.0 mL	—

营养液配制依照 Hoagland 营养液[28] 的配制方法。

首先将所有植物所必需的营养素配制成 6 种母液,包括 4 种大量元素、微量元素及铁元素。除铁元素外的其他必需微量元素需溶解在同一母液中,且在配制前,需滴入 1 滴浓盐酸,以促进微量元素溶解。铁元素单独配制成 1 种母液,可以用 NaEDTA(乙二胺四乙酸二钠盐)直接配制。本实验分别溶解 5.57 g $FeSO_4 \cdot 7H_2O$ 和 7.45 g NaEDTA 于 200 mL 蒸馏水中,加热至沸腾,倒入 $FeSO_4$ 溶液并不断搅拌,冷却后定容至 1 L。

配置好的母液在使用时再进行稀释。本实验一次性配制 24 L 营养液,配制时先在容器中加入适量蒸馏水,然后滴入几滴浓盐酸,加入母液,最后加蒸馏水至 24 L。每种母液添加量如表 2.2 所示。

3. 试验试剂及仪器设备

试验所用仪器如表 2.3 所示。

表 2.3　试验所用仪器

仪器名称	仪器型号
可见分光光度计	V-5000
紫外可见分光光度计	UV-5100
便携式 pH 计	HQ40D
pH 计	雷磁 pHS-2
立式压力蒸汽灭菌锅	LS-50HD
消解器	MX-100 型
数显恒温水浴锅	——
恒温磁力搅拌器	HJ-3

注:"—"表示型号不明。

试验所需试剂如表 2.4 所示。

表 2.4　试验所需试剂

药品名称	级别
硝酸钾	分析纯
磷酸二氢钾	分析纯
淀粉	分析纯
硫酸铵	分析纯
七水合硫酸镁	分析纯
氢氧化钠	分析纯
重铬酸钾	分析纯
四水合钼酸铵	分析纯
抗坏血酸	分析纯
酒石酸锑氧钾	分析纯
硫酸亚铁	分析纯
亚硝酸钠	优级纯
N-(1-萘基)-乙二胺盐酸盐	分析纯
磷酸	分析纯
苯酚	分析纯
氨水	分析纯
硫酸	分析纯

药品名称	级别
水杨酸	分析纯
次氯酸钠	分析纯
氯化铵	优级纯
盐酸羟胺	分析纯
乙酸铵	分析纯
冰乙酸	分析纯
邻菲罗啉	分析纯
硫酸亚铁铵	分析纯
硫酸银	分析纯
盐酸	分析纯
过硫酸钾	优级纯
α-萘胺	分析纯

2.2.2 试验设计

水培试验运行时间从 2020 年 7 月 15 日开始。水培试验在实验室内进行,取得幼苗后先用自来水进行为期 1 周的自适应生长。1 周后将幼苗用自来水冲洗干净,冲洗干净后移入塑料盆,加入 3 L 人工配制的营养液进行 12 d 的水培试验。试验设置 8 个湿地植物实验组和一个无植物的空白对照组(CK)。试验期间营养液不进行搅动、补充。试验期间内会对湿地植物中枯死的枝叶进行摘除。

2.2.3 试验方法

本次试验中指标测定采用方法如表 2.5 所示。

表 2.5 试验指标测定方法

测试指标	测试方法
TN	过硫酸钾氧化-紫外分光光度法[29]
$NO_2^- - N$	N-(1-萘基)-乙二胺分光光度法[29]
TP	钼锑抗分光光度法[29]
COD	快速密闭催化消解法[29]
Fe	邻菲啰啉分光光度法[29]
根系活力	α-萘胺氧化法[30]

2.2.4　数据处理与分析

使用 SPSS 26 软件对实验中数据进行单因素分析、邓肯分析及相关性分析,用 Excel 2019 软件进行制图及数据整理。

2.3　结果分析

2.3.1　不同湿地植物中根系活力的比较

由不同湿地植物根系活力(表 2.6)可知,这 8 种湿地植物在水培期间的根系活力范围在 576.98 $\mu g/(g \cdot h)$～17 092.59 $\mu g/(g \cdot h)$之间。8 种湿地植物根系活力由大到小分别为风车草>鸢尾>芦竹>美人蕉>水葱>铜钱草>泽泻>再力花。由单因素分析结果可知,这 8 种湿地植物的根系活力之间存在极显著性差异($P = 0.000$,$P < 0.01$)。风车草的根系活力达到了 17 092.59 $\mu g/(g \cdot h)$,远高于其他湿地植物的根系活力。根系活力最低的再力花仅有 576.98 $\mu g/(g \cdot h)$。鸢尾、美人蕉、芦竹、水葱这 4 种湿地植物的根系活力比较接近,根系活力均在 5 500 $\mu g/(g \cdot h)$～6 000 $\mu g/(g \cdot h)$之间。铜钱草和泽泻的根系活力范围在 2 000 $\mu g/(g \cdot h)$～3 300 $\mu g/(g \cdot h)$之间,在这 8 种湿地植物中较低。

表 2.6　不同湿地植物根系活力

湿地植物	根系活力/($\mu g/(g \cdot h)$)
鸢尾	5 875.20±1 276.13b
美人蕉	5 546.63±1 103.93b
风车草	17 092.59±1 209.21a
铜钱草	3 263.98±701.62bc
芦竹	5 811.66±575.73b
再力花	576.98±263.21d
泽泻	2 166.53±319.09cd
水葱	5 400.84±534.37b

注:平均值±标准误;同列数据后的不同小写字母表示在 $P < 0.05$ 水平差异有统计学意义(邓肯多重比较)。

2.3.2 不同湿地植物对氮的去除情况

不同湿地植物对总氮(TN)的去除效果

由应用软件 SPSS 26 对实验数据的单因素分析可知,不同植物对 TN 的去除率具有极显著性差异($P=0.000$, $P<0.01$)。在整个水培实验中,不同湿地植物及 CK 对 TN 的平均去除率见表 2.7。这 8 种湿地植物和 CK 对 TN 的平均去除率范围在 30.00%~84.00% 之间,TN 平均去除率由大到小依次为风车草>芦竹>水葱>鸢尾>美人蕉>再力花>铜钱草>泽泻>CK。TN 平均去除率最高的风车草,去除率达到 80.33%;其次为芦竹,TN 平均去除率为 60.92%;泽泻和铜钱草的 TN 平均去除率在 8 种湿地植物中较低,分别为 46.56% 和 48.46%。

表 2.7 不同湿地植物及 CK 的 TN 去除率

湿地植物	TN 去除率/%
鸢尾	54.34±0.92cd
美人蕉	54.31±0.76cd
风车草	80.33±3.53a
铜钱草	48.46±0.78de
芦竹	60.92±2.13b
再力花	53.12±0.46cd
泽泻	46.57±2.70e
水葱	56.16±2.73bc
CK	32.24±2.16f

注:平均值±标准误;同列数据后的不同小写字母表示在 $P<0.05$ 水平差异有统计学意义(邓肯多重比较)。

图 2.1 显示了湿地植物及 CK 对 TN 去除率的动态变化。由图可知,去除率最高的为风车草,从实验初期至实验结束,风车草的 TN 去除率一直高于其他实验组和 CK。CK 的 TN 去除率在实验初期至结束均低于其他 8 种湿地植物。其他 7 种湿地植物在第 1 次和第 2 次测指标时 TN 去除率基本一致,在实验结束时这 7 种湿地植物的 TN 去除率才出现较大差距。

综上所述,这 8 种湿地植物中对 TN 的去除效果最优的是风车草,上升趋势明显且稳定,整体升高了 24.35%,水培结束时达到了 92.25% 的去除效果。其次是芦竹,去除效果上升稳定较为明显,要弱于风车草的去除效果,水培期间 TN 去除率整体升高了 14.50%,达到了 68.24%。水葱在整个水培期间对 TN 的去除效果变化较大,最终的 TN 去除率为 66.02%,仅次于芦竹。鸢尾、美人蕉、铜钱草及再力花在水培期间对 TN 的去除效果变化不超过 5%。8 种湿地植物中表现最差的是泽泻,总体上对 TN 的去除效果下降明显,水培期间 TN 去除率下降了 16.61%。8 种湿地植物对于 TN 的去除效果均要高于 CK 的去除效果。不同湿地植物中亚硝氮浓度比较见表 2.8。

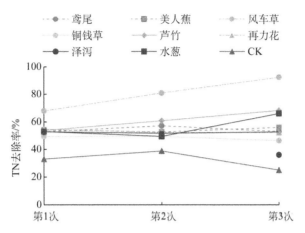

图 2.1　湿地植物及 CK 的 TN 去除率动态变化

表 2.8　不同湿地植物及 CK 亚硝氮平均浓度

湿地植物	亚硝氮平均浓度/(mg/L)
鸢尾	0.008±0.001b
美人蕉	0.042±0.017b
风车草	0.029±0.008b
铜钱草	0.111±0.050b
芦竹	0.026±0.011b
再力花	0.048±0.015b
泽泻	0.371±0.144b
水葱	2.118±0.928a
CK	0.004±0.002b

注：平均值±标准误；同列数据后的不同小写字母表示在 $P < 0.05$ 水平差异有统计学意义(邓肯多重比较)。

在此次水培试验数据中的邓肯分析法结果显示，这 8 种湿地植物中只有水葱与其他湿地植物中的亚硝氮浓度差异表现较大。8 种湿地植物与 CK 的亚硝氮浓度由大到小依次为水葱＞泽泻＞铜钱草＞再力花＞美人蕉＞风车草＞芦竹＞鸢尾＞CK。

由水培期间不同湿地植物及 CK 亚硝氮的平均浓度(见图 2.2)可知，这 8 种湿地植物中水葱的亚硝氮浓度明显要高于其他湿地植物。亚硝氮浓度超过了 2.000 mg/L，而其他 7 种湿地植物中亚硝氮平均浓度范围在 0.005～0.700 mg/L 之间。鸢尾、美人蕉、风车

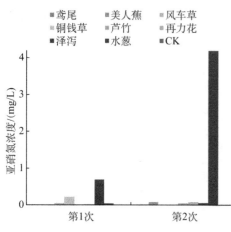

图 2.2　湿地植物及 CK 亚硝氮浓度变化

草、芦竹、再力花的亚硝氮浓度均低于 0.060 mg/L。8 种湿地植物的亚硝氮浓度均高于 CK。

图 2.2 显示了在水培期间不同湿地植物及 CK 两次测量亚硝氮浓度变化。第 1 次检测至第 2 次检测期间,亚硝氮浓度增加的有鸢尾、美人蕉、芦竹、再力花、水葱;其中变化最大的湿地植物是水葱,第 1 次测得亚硝氮浓度仅有 0.042 mg/L,第 2 次检测达到了 4.192 mg/L,浓度升高了 4.150 mg/L。亚硝氮浓度降低的有风车草、铜钱草和泽泻。CK 的亚硝氮浓度变化不大,但均低于其他湿地植物中亚硝氮浓度。

2.3.3　不同湿地植物对总磷(TP)的去除情况

根据软件 SPSS 26 对实验数据的单因素分析结果可知,不同湿地植物之间的 TP 去除率具有极显著性差异($P=0.000$,$P<0.01$)。不同湿地植物及 CK 的 TP 平均去除率见表 2.9,可知 8 种湿地植物的 TP 去除率范围在 $-6.15\%\sim90.57\%$ 之间。结合数据的邓肯分析结果可知,8 种湿地植物中的 TP 去除率由高到低分别是风车草>水葱>再力花>泽泻>芦竹>铜钱草>鸢尾>美人蕉。风车草的 TP 去除率显著高于其他湿地植物的 TP 去除率,达到了 85.96%。其次是水葱的 TP 去除率,达到了 42.50%。芦竹、泽泻、再力花的 TP 去除率在 $20\%\sim30\%$ 之间。铜钱草、鸢尾和美人蕉的 TP 去除率则低于 20%。其中对 TP 的去除效果最差的是美人蕉,去除率为 -0.58%。

表 2.9　不同湿地植物及 CK 的 TP 去除率

湿地植物	TP 去除率/%
鸢尾	12.91±1.07de
美人蕉	−0.58±5.57f
风车草	85.96±4.61a
铜钱草	19.92±2.08cde
芦竹	20.88±4.92cde
再力花	24.19±0.75c
泽泻	22.65±2.54cd
水葱	42.50±2.78b
CK	11.16±2.70e

注:平均值±标准误;同列数据后的不同小写字母表示在 $P<0.05$ 水平差异有统计学意义(邓肯多重比较)。

26

图 2.3 显示了 8 种湿地植物及 CK 在水培试验期间的 TP 去除率动态变化。由图可知，风车草的 TP 去除率显著高于其他湿地植物，第 1 次检测时去除率为 68.23%，第 2 次检测去除率达到了 90.52%，TP 去除率在 3 天内升高了 22.29%；水培实验结束时，风车草对水样中的 TP 去除率接近 100%，达到了 99.14%，水培期间 TP 去除率升高了 30.92%。其他 7 种湿地植物和 CK 的 TP 去除率均低于 45%。其中美人蕉的 TP 去除率在水培期间呈下降趋势，第 1 次检测 TP 去除率为 17.70%，实验结束时测得 TP 去除率为 −0.58%。

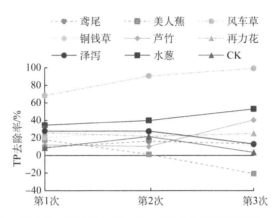

图 2.3 湿地植物及 CK 的 TP 去除率动态变化

2.3.4 不同湿地植物对化学需氧量(COD)的去除情况

由不同湿地植物的 COD 及 CK 的平均去除率(见表 2.10)可知，这 8 种湿地植物的 COD 去除率范围在 60.24%～84.24% 之间，可见这 8 种湿地植物的 COD 去除效果较好。依据软件对数据进行单因素分析可知，在这次水培试验中，8 种湿地植物和 CK 的 COD 去除率之间并不存在显著性差异($P = 0.966$，$P > 0.05$)。表明这 8 种湿地植物对水体的 COD 去除效果并没有明显的优势。结合数据的邓肯分析，8 种湿地植物 COD 去除率由高到低分别为风车草＞水葱＞泽泻＞铜钱草＞鸢尾＞芦竹＞再力花＞美人蕉。

表 2.10 不同湿地植物及 CK 的 COD 平均去除率

湿地植物	COD 平均去除率/%
鸢尾	72.62±8.36a
美人蕉	65.57±5.33a
风车草	78.91±5.83a
铜钱草	74.51±6.57a
芦竹	70.39±8.07a
再力花	69.50±5.11a

湿地植物	COD平均去除率/%
泽泻	74.59±8.08a
水葱	75.12±5.66a
CK	69.55±10.89a

注:平均值±标准误;同列数据后的不同小写字母表示在$P<0.05$水平差异有统计学意义(邓肯多重比较)。

图2.4是8种湿地植物及CK中的COD去除率在水培期间的动态变化图。由图可知,水培实验期间,8种湿地植物以及CK的COD去除率均呈下降趋势。下降最明显的为CK,第1次检测COD去除率为96.03%,水培实验结束时下降至26.51%,下降了幅度达69.52%。

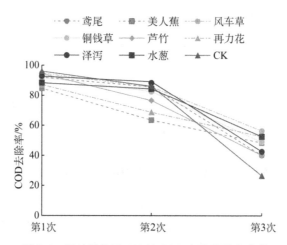

图2.4 湿地植物及CK的COD去除率动态变化

2.3.5 不同湿地植物对铁吸收情况

总铁浓度、亚铁浓度、可滤铁浓度在本次水培实验中检测两次。

1. 总铁浓度

由不同湿地植物及CK总铁的平均浓度(表2.11)可知,这8种湿地植物在水培期间的总铁平均浓度范围在0.05~0.30 mg/L之间。鸢尾的总铁平均浓度最低,仅有0.08 mg/L。总铁平均浓度最高的为泽泻,总铁平均浓度达0.28 mg/L,比CK的平均浓度0.19 mg/L还高0.09 mg/L。结合单因素分析结果和邓肯分析结果可知,这8种湿地植物和CK的总铁平均浓度之间存在极显著性差异($P=0.000$,$P<0.01$)。在本次水培试验中总铁平均浓度由低到高分别为鸢尾<芦竹<再力花<风车草<美人蕉<铜钱草<水葱<CK<泽泻。鸢尾、芦竹、再力花、美人蕉和铜钱草的总铁平均浓度范围在0.08~0.14 mg/L之间。水葱和CK的总铁平均浓度在0.16~0.19 mg/L之间。泽泻的总铁浓

28

度和其他湿地植物以及 CK 的总铁浓度差异明显。

表 2.11　不同湿地植物及 CK 总铁浓度

湿地植物	总铁平均浓度/(mg/L)
鸢尾	0.08±0.02e
美人蕉	0.13±0.02cd
风车草	0.11±0.01de
铜钱草	0.14±0.00cd
芦竹	0.10±0.01de
再力花	0.11±0.01d
泽泻	0.28±0.01a
水葱	0.17±0.02bc
CK	0.19±0.02b

注：平均值±标准误；同列数据后的不同小写字母表示在 $P<0.05$ 水平差异有统计学意义（邓肯多重比较）。

　　图 2.5 为水培试验期间各实验组和 CK 的总铁浓度变化动态折线图。由图可知，第 1 次检测至第 2 次检测期间，泽泻的总铁浓度始终高于其他湿地植物以及 CK。试验组和 CK 中的总铁浓度变化除鸢尾外，大致都呈现下降趋势。鸢尾总铁浓度升高了 0.085 mg/L。总铁浓度下降最大的是水葱，下降了 0.094 mg/L。铜钱草、风车草、再力花和泽泻的总铁浓度变化在 0.002～0.270 mg/L 之间。美人蕉以及芦竹的浓度变化范围在 0.059～0.067 mg/L 之间。由此可见，在水培试验期间随着实验的进行，除鸢尾外，其余的湿地植物对于总铁的去除效果均有提升。但总铁浓度相比于鸢尾仍然较高，其中水葱对总铁的去除效果提升最快。

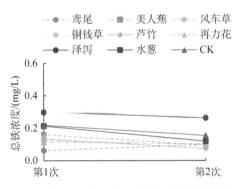

图 2.5　湿地植物及 CK 总铁浓度动态变化

2. 亚铁浓度

　　由不同湿地植物及 CK 中亚铁浓度（表 2.12）可知，这 8 种湿地植物的亚铁浓度范围在 0.010～0.600 mg/L 之间。结合单因素分析和邓肯分析结果可知,在本次水培实验中 8 种湿地植物对于亚铁的去除效果具有极显著性差异($P=0.000$,$P<0.05$)。试验组和 CK 中的亚铁浓度由低到高分别是水葱<泽泻<铜钱草<风车草<芦竹<鸢尾<再力花<CK<美人蕉。水葱亚铁浓度最低,仅有 0.025 mg/L;泽泻、铜钱草及风车草亚铁浓度范围在 0.070～0.110 mg/L 之间;芦竹、鸢尾、再力花这 3 种湿地植物中亚铁浓度差距不超过 0.010 mg/L。美人蕉亚铁浓度最高,达到 0.543 mg/L。

表 2.12　不同湿地植物及 CK 亚铁平均浓度

湿地植物	亚铁平均浓度/(mg/L)
鸢尾	0.21±0.07c
美人蕉	0.54±0.02a
风车草	0.11±0.01cd
铜钱草	0.09±0.01cd
芦竹	0.20±0.0c
再力花	0.21±0.06c
泽泻	0.07±0.01cd
水葱	0.03±0.01d
CK	0.40±0.07b

注:平均值±标准误;同列数据后的不同小写字母表示在 $P<0.05$ 水平差异有统计学意义(邓肯多重比较)。

图 2.6 显示水培实试期间不同湿地植物中亚铁浓度变化动态变化。由图可知,8 种湿地植物以及 CK 中,美人蕉和 CK 的总铁浓度在第 1 次检测至第 2 次检测期间始终高于其他实验组。鸢尾以及再力花的总铁浓度在第 1 次检测时高于除美人蕉和 CK 外的其他湿地植物,总铁浓度在第 1 次检测和第 2 次检测期间分别下降了 0.297 mg/L 和 0.263 mg/L,下降幅度较大。

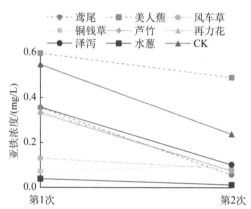

图 2.6　湿地植物及 CK 亚铁浓度动态变化

3. 可滤铁浓度

由不同湿地植物及 CK 中可滤铁的浓度(见表 2.13)可知,这 8 种湿地植物中的可滤铁浓度范围为 0.050～0.200 mg/L 之间。结合数据的单因素分析和邓肯分析结果可知,这 8 种湿地植物可滤铁浓度之间存在极显著性差异($P=0.000,P<0.05$)。8 种湿地植物和 CK 中可滤铁浓度由高到低分别为泽泻>美人蕉>鸢尾>芦竹>CK>水葱>铜钱草>再力花>风车草。泽泻可滤铁浓度与其他 7 种湿地植物和 CK 之间存在差异,泽泻可滤铁平均浓度为 0.192 mg/L,显著高于其他湿地植物;风车草、再力花、铜钱草、水葱、CK、芦竹、鸢尾之间并不存在显著性差异,可滤铁浓度范围在 0.050～0.150 mg/L 之间。

表 2.13　不同湿地植物及 CK 可滤铁平均浓度

湿地植物	可滤铁平均浓度/(mg/L)
鸢尾	0.12±0.01bc
美人蕉	0.14±0.02b
风车草	0.09±0.01c
铜钱草	0.10±0.00bc
芦竹	0.12±0.02bc
再力化	0.10±0.01bc
泽泻	0.19±0.01a
水葱	0.11±0.01bc
CK	0.12±0.00bc

注:平均值±标准误;同列数据后的不同小写字母表示在 $P<0.05$ 水平差异有统计学意义(邓肯多重比较)。

图 2.7 是不同湿地植物及 CK 中可滤铁浓度在水培期间的动态变化图。由图可知,第 1 次检测至第 2 次检测期间,8 种湿地植物及 CK 的可滤铁浓度呈现下降的趋势,泽泻的可滤铁浓度在此期间均高于其他实验组及 CK。芦竹可滤铁浓度下降幅度最大,下降了 0.103 mg/L。铜钱草、泽泻及 CK 中亚铁浓度变化小于 0.020 mg/L。其他 5 种湿地植物中浓度变化在 0.040～0.100 mg/L 之间。

2.3.6　湿地植物中环境因素的比较

表 2.14 显示的是不同湿地植物及 CK 环境指标数据。根据数据的单因素分析结果可知,酸碱度(pH 值)、温度、溶解氧(DO)、电位指标中,除温度外,其他 3 项指标在不同湿地植物中均存在极显著性差异($P=0.000$,$P<0.001$)。

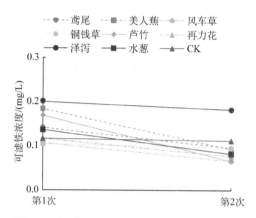

图 2.7　湿地植物及 CK 可滤铁浓度动态变化

表 2.14　不同湿地植物及 CK 环境指标数据

湿地植物	pH 值	温度/℃	DO/(mg/L)	电位/mV
鸢尾	7.05±0.06ab	24.15±0.40a	0.89±0.15c	4.43±3.82cd
美人蕉	7.10±0.11ab	24.07±0.36a	0.39±0.08c	0.99±6.63cd
风车草	7.31±0.03a	24.08±0.34a	1.25±0.21c	−11.49±1.90d
铜钱草	6.04±0.13d	24.15±0.31a	3.85±0.63a	60.92±7.56a
芦竹	7.21±0.06ab	24.21±0.33a	0.76±0.14c	−6.20±3.39cd
再力花	7.01±0.08ab	24.14±0.32a	1.27±0.26c	5.38±4.40bcd
泽泻	6.27±0.18d	24.06±0.31ab	3.13±0.56ab	49.24±10.49a
水葱	6.94±0.09bc	24.09±0.32b	2.53±0.43b	10.72±5.30bc
CK	6.68±0.14c	24.15±0.32a	1.15±0.51c	23.75±8.26b

注：平均值±标准误；同列数据后的不同小写字母表示在 $P<0.05$ 水平差异有统计学意义（邓肯多重比较）。

1. 不同湿地植物中酸碱度(pH 值)的比较

由表 2.14 可知,8 种湿地植物的 pH 值范围为 6.0～7.4 之间。结合邓肯分析结果可知,实验组以及 CK 中的 pH 值由低到高分别为铜钱草<泽泻<CK<水葱<再力花<鸢尾<美人蕉<芦竹<风车草,水葱、再力花、鸢尾、美人蕉、芦竹之间的 pH 值不存在显著性的差异,范围在 6.9～7.3 之间。可见这 5 种湿地植物在水培期间的水样基本呈中性。铜钱草与泽泻的 pH 值较为接近,分别为 6.04 和 6.27。CK 的 pH 值为 6.68,水体呈弱酸性。由此可见,选择不同湿地植物对维持水体酸碱度有不同影响。种植水葱、再力花、鸢尾、美人蕉、芦竹、风车草这 6 种湿地植物有利于水体保持中性或者弱碱性状态。

图 2.8 显示的是不同湿地植物及 CK 在第 1 次检测至第 4 次检测期间的 pH 值动态变化。由图可知 CK、泽泻、铜钱草的 pH 值在水培期间变化幅度较大。其他湿地植物的 pH 值在整个水培实验期间大致保持不变,pH 值均在 7.00 左右发生轻微的波动。鸢尾、美人蕉、风车草、芦竹、再力花、水葱对于水体中的酸碱度比较稳定,在水培实验期间水体基本呈中性。

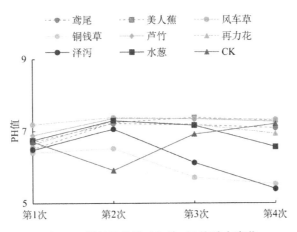

图 2.8　湿地植物及 CK 的 pH 值动态变化

2. 不同湿地植物中温度的比较

由表 2.14 及图 2.9 内容可知,结合数据的单因素分析结果和邓肯分析可知不同湿地植物中的温度并没有显著性的差异($P=1.000, P>0.05$)。这 8 种湿地植物中的温度范围为 24.06~24.30 ℃之间,变化范围不超过 1 ℃。

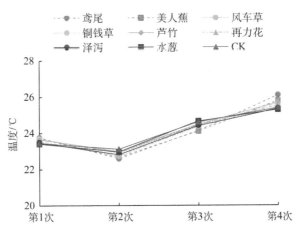

图 2.9　湿地植物及 CK 温度动态变化

3. 不同湿地植物中溶解氧(DO)的比较

由表 2.14 内容中的 DO 指标数据可知,这 8 种湿地植物中的 DO 平均浓度范围在 0.37~3.90 mg/L 之间。结合单因素分析和邓肯分析结果可得,本次水培实验中溶解氧浓度由低到高分别为美人蕉<芦竹<CK<鸢尾<风车草<再力花<水葱<泽泻<铜钱草。美人蕉、芦竹、鸢尾、风车草、再力花的溶解氧浓度之间无显著性差异,浓度范围在 0.38~1.30 mg/L 之间。美人蕉的溶解氧浓度最低,仅为 0.39 mg/L。水葱和泽泻的溶解氧平均浓度分别为 2.53 mg/L,3.13 mg/L。铜钱草的溶解氧浓度最高,达到了 3.85 mg/L。

图 2.10 表示不同湿地植物以及 CK 在水培实验期间的溶解氧变化。由图可知,第 1

次检测至第 4 次检测期间,8 种湿地植物和 CK 中的溶解氧浓度均有升高,铜钱草、水葱及泽泻的溶解氧浓度始终较高。

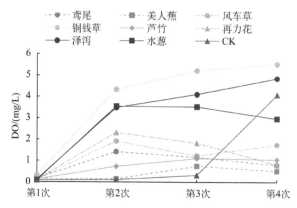

图 2.10　湿地植物及 CK 的 DO 动态变化

4. 不同湿地植物中电位的比较

由表 2.14 中电位指标的数据,再根据数据的单因素分析结果可知,不同湿地植物之间的电位存在极显著性差异($P=0.000$,$P<0.001$)。实验组和 CK 中电位由低到高分别为风车草<芦竹<美人蕉<鸢尾<再力花<水葱<CK<泽泻<铜钱草。其中,风车草的电位最低,为 -11.49 mV;最高的是铜钱草,达到 60.92 mV。由邓肯分析结果可知,风车草、芦竹、美人蕉、鸢尾、再力花之间的电位无显著性差异,范围在 $-11.43\sim5.40$ mV 之间。CK 的电位为 23.74 mV。

图 2.11 表示不同湿地植物中电位的动态变化。由图可知,泽泻和铜钱草的电位变化在 8 种湿地植物中最大,第 1 次检测时,泽泻和铜钱草的电位均在 30 mV～40 mV 之间;实验结束时,电位达到了 98.45 mV 和 90.60 mV。CK 的电位变化趋势是先上升,再下降,在水培期间电位变化较大。鸢尾、美人蕉、风车草。芦竹、再力花以及水葱的电位变化趋势则大致相同。

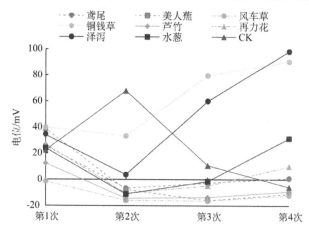

图 2.11　湿地植物及 CK 电位动态变化

2.3.7 相关性分析结果

1. 污染物指标及根系活力之间的相关性分析

由表 2.15 可知各污染物指标及根系活力之间的相关性分析结果,由表可得如下结果。

表 2.15 污染物指标及根系活力之间的相关性分析

污染物指标	TP 去除率	COD 去除率	总铁浓度	可滤铁浓度	亚铁浓度	根系活力
TN 去除率	0.743**	0.070	−0.593**	−0.653**	−0.251	0.853**
TP 去除率		0.138	−0.239	−0.463*	−0.625**	0.714**
COD 去除率			−0.246	−0.321	−0.191	0.325
总铁浓度				0.649**	−0.057	−0.332
可滤铁浓度					−0.278*	0.410*
亚铁浓度						−0.025

注:** 表示在 0.01 水平(双侧)上显著相关;* 表示在 0.05 水平(双侧)上显著相关。

TN 去除率与 TP 去除率、总铁浓度可滤铁浓度、根系活力之间均有极显著相关性($P<0.01$)。其中,TN 去除率与 TP 去除率和根系活力之间存在极显著正相关关系,与总铁浓度和可滤铁浓度存在极显著负相关关系。TP 去除率与可滤铁浓度、亚铁浓度和根系活力之间存在相关性,与可滤铁浓度、亚铁浓度之间存在负相关关系,与根系活力存在极显著正相关关系。COD 去除率与各污染物之间均不存在相关性。可滤铁浓度与亚铁浓度和根系活力之间均存在显著相关性,与亚铁浓度之间存在显著正相关关系,与根系活力之间存在显著负相关关系。

2. 污染物指标与环境因素的相关性分析

表 2.16 是各污染物指标与环境因素之间的相关性分析结果,由表可得如下结果。

表 2.16 污染物指标与环境因素之间的相关性分析

污染物指标	pH 值	DO	温度	电位
TN 去除率	0.458**	−0.205	0.038	−0.451**
TP 去除率	0.224*	0.059	−0.041	−0.219*
COD 去除率	−0.007	−0.447**	−0.788**	0.007
总铁浓度	−0.466**	0.458**	−0.214	0.480**
可滤铁浓度	−0.184	0.184	−0.498**	0.202
亚铁浓度	0.413*	−0.517**	−0.286*	−0.415**
根系活力	0.473*	−0.217	0.235	−0.471*

注:** 表示在 0.01 水平(双侧)上显著相关;* 表示在 0.05 水平(双侧)上显著相关。

TN 去除率与 pH 值及氧化还原电位之间具有极显著性相关,且和 pH 存在极显著正相关关系,与氧化还原电位存在极显著负相关关系。TP 去除率与 pH 存在显著正相关关系和氧化还原电位存在显著负相关。COD 去除率与 DO 及温度之间存在极显著负相关关系。总铁浓度与 pH 存在极显著负相关关系,与 DO 及氧化还原电位存在极显著正相关关系。可滤铁浓度仅与温度存在极显著负相关关系。亚铁浓度与 pH、DO、温度及氧化还原电位之间均存在相关性,且和 DO 和氧化还原电位之间存在极显著负相关关系($P<0.01$)。根系活力与 pH 和氧化还原电位之间存在显著相关性,和 pH 之间存在显著正相关关系,和氧化还原电位之间存在显著负相关关系。

3. 环境因素之间的相关性分析

由表 2.17 可得各环境因素之间的相关性分析结果。pH 与 DO 和电位之间均存在极显著负相关关系。DO 与温度存在显著正相关关系,与氧化还原电位存在极显著正相关关系。

表 2.17 环境因素之间的相关性分析

环境因素	DO	温度	电位
pH	-0.407^{**}	-0.124	-0.997^{**}
DO		0.202^{*}	0.405^{**}
温度			0.116

注:** 表示在 0.01 水平(双侧)上显著相关;* 表示在 0.05 水平(双侧)上显著相关。

2.4 讨论与结论

2.4.1 讨论

1. 根系活力大小

在试验期间,这 8 种湿地植物的根系活力差别较大。本实验相关性分析结果显示,8 种湿地植物中的根系活力与 TN 去除率和 TP 去除率存在极显著正相关关系。有研究表明不同湿地植物根系活力与污水净化效率的关系也不同[31],这与本实验结果类似。在以后的研究中,我们可以深入了解根系活力与湿地植物除污效果的联系。

2. 总氮去除

本试验在进行至 4 d 时,8 种湿地植物的 TN 去除率在 59.00%~70.00% 之间,显著高于 CK 的 TN 去除率的 32.94%。刘霄等[32]选择芦苇、香蒲、棱鱼草、黑三棱 4 种湿地植物构建小型人工湿地系统,当水力停留时间为 5 d 时,4 种湿地植物 TN 去除率均在 70% 以上,CK 的 TN 去除率也达到 64.8%,湿地植物的 TN 去除率高于 CK。本试验中湿地植物 TN 去除率和 CK 的 TN 去除率低于刘霄等人的实验结果,可能是因为本试验为水培实验,缺少了植物、基质与微生物三者的协同作用。湿地植物种类的不同,水培试验中微生物的种类和数量都会影响水体的 TN 去除效果[14, 33-35]。刘燕等人[36]选取 10 种湿地植物进行水培试验,结果表明在 28 d 内,10 种湿地植物的 TN 去除率在 55.00%～92.00%之间,而 CK 的 TN 去除率则低于 17.00%,远低于湿地植物的去除效果。对香蒲、睡莲、芦苇、美人蕉为栽培植物进行水培实验,发现 4 种水培植物在初秋时对 TN 的去除率同样高于 CK 的去除率[37]。该实验证明湿地植物在人工湿地除氮效果上具有重要地位。在总氮含量高的污水中,我们可以优先考虑应用风车草。

3. 总磷的去除

水培试验从 2020 年 7 月 15 日开始。整个水培期间 TP 去除效果最好的湿地植物是风车草,其次是水葱。美人蕉的 TP 去除效果最差。刘文杰等[18]研究了 4 种湿地植物在水平潜流、垂直上行流和下行流人工湿地中对人工合成生活污水的处理效果,水葱在 3 种人工湿地中的 TP 去除率均在 70%以上。庞庆庄等人[17]构建 4 种不同湿地植物的湿地模拟系统,在 3 个 TP 浓度下进行处理,水葱湿地模拟系统的 TP 去除率范围为 75.7%～80.8%。通过构建静态模拟人工湿地研究 3 种湿地植物的污水净化能力,再力花的 TP 去除率也能达到 70.4%[38]。本次水培试验中水葱的 TP 平均去除率仅有 42.50%,再力花的 TP 去除率仅有 24.19%。可能是因为水培试验中缺少了植物、基质与微生物三者的协同作用,同时,人工湿地基质对磷也具有一定的吸附作用[14, 36]。有研究表明湿地植物对 TP 有较好的去除能力[31, 36, 39-40]。本次水培试验中美人蕉的 TP 去除率低于 CK,鸢尾的 TP 去除效果和 CK 相近。这可能是因为植物对 TP 的去除作用有限[37],微生物同化作用,物理作用、化学吸附和沉淀作用在 TP 去除中的占主要作用[41, 42]。美人蕉在水培试验期间水体中可能会有一些根系腐烂未及时处理,导致的 TP 去除效果差。

结合本试验结果,风车草的 TP 去除效果最好,平均去除率达到 85.96%,在试验结束时的 TP 去除率高达 99.14%。因此,在构建人工湿地去除 TP 时我们可以优先考虑风车草。

4. COD 去除

整个水培试验期间各湿地植物的 COD 平均去除率范围在 60.24%～84.24%之间,CK 和各湿地植物之间的 COD 去除率并不存在显著性差异($P = 0.966$, $P > 0.05$),且 COD 去除率在水培期间均呈现下降趋势。曾忠强等人[43]比较 5 种湿地植物在水培条件下的去污能力,结果表明这 5 种湿地植物对 COD 均有明显的去除作用。刘颖等人[14]比较 10 种水培植物对生活污水的净化效果,表明 COD 去除主要与植物生物代谢过程有关,本次水培实验中各处理组和 CK 的 COD 去除率均表现较好,可能是因为试验进行期间为夏季,微生物生命活动较强。有的微生物可以降低污水中 COD 的浓度,有的微生物则会升高污水中的 COD 浓度[44-45]。许国云等人[16]选取 5 种典型挺水植物进行室内净化效率实验,在 10 d 内 4 种湿地植物的 COD 去除率均是上升趋势。本次水培试验中 COD 去除率呈现下降趋势,可能是因为在实验前期湿地植物和 CK 对 COD 的去除效果较好,导致实验后期水体 COD 含量较少,去除率也相对降低。

有研究表明微生物在人工湿地去除 COD 中具有重要作用[46-47]。本次试验中各湿地植物对 COD 的去除效果与 CK 的去除效果无显著性差异,也证明湿地植物在 COD 的去除中影响较小。

5. 亚铁浓度

铁是具有较强的氧化还原性质的元素,在自然界中广泛存在。大多数湿地植物具有通气组织[48,49],通过通气组织以及根系泌氧等特性,铁可以通过根系在植物根表形成铁膜[50-52]。通过查找相关文献可知,单独研究湿地植物中对总铁、亚铁和可滤铁浓度变化的研究较少。湿地系统中铁离子浓度与根表铁膜密切相关,有研究表明水培实验中宽叶香蒲根表铁膜量与亚铁离子浓度具有非线性增加关系[53]。水培实验中水稻根表铁膜与溶液中铁浓度呈显著正相关关系[54-55]。大量研究表明溶液中的亚铁浓度也可以在一定程度上体现湿地植物根表铁膜的形成情况。

本次水培试验中原水水质一致,总铁浓度、亚铁浓度及可滤铁浓度在实验结束时实验组和对照组之间存在显著性差异。说明本次实验中不同湿地植物中根表铁膜的形成情况可能也不相同。大量研究表明根表铁膜与湿地植物中磷的去除密切相关[33,56-59]。在本实验结果表明 TP 去除率与亚铁浓度存在极显著负相关关系,然而有研究显示在一定条件下根表铁膜与磷去除呈显著正相关关系[59]。这些都表明亚铁浓度与 TP 去除率密切相关。

6. 环境因素影响

本次试验中的 pH 值范围为 6.0～7.4,pH 值范围在自然湿地水体的 pH 值 5～9 的范围内[60]。本次试验中各试验组和 CK 之间的 pH 值存在极显著性差异($P=0.000$,$P<0.01$),说明不同湿地植物对水体中的 pH 影响也不同。有研究表明湿地植物对水体中的 pH 有一定的改善作用[10,61],且不同湿地植物对 pH 值的净化效果存在极显著性差异[10],这与本试验结果一致,本试验中各湿地植物对 pH 具有一定的维持作用。通过环境因素分析可证明不同湿地植物因为植物组织构造不同、根系营养特点不同、根际分泌物质不同都会影响水体环境(例如:DO、pH、温度等因素)。

7. 相关性分析

本次试验中相关性结果显示这 8 种湿地植物的根系活力与 TN 去除率之间存在极显著正相关关系($P=0.000$,$P<0.01$)。但王玉彬[31]对香根草、芦苇、风车草及水鬼蕉的根系活力进行相关性分析,发现这 4 种湿地植物中只有香根草和芦苇的根系活力与 TN 去除率之间存在显著相关性。导致这一区别的原因可能是两次试验中湿地植物种类不同,微生物对试验的影响情况也不同,同时本试验为水培试验,缺少基质与植物之间的协同作用。

本次试验中相关性结果显示 TP 去除率与亚铁浓度之间存在极显著负相关关系($P=0.000$,$P<0.01$)。已有研究表明垂直流人工湿地中,磷浓度低于 50 mg/L 时,系统磷去除率与基质铁浓度呈现正相关关系[59]。且植物的根表铁膜对磷具有较强的亲和性,可以

充当磷养分的暂时储库[34]。这些都表明湿地植物 TP 去除率与铁密切相关。

本次试验中的相关性结果显示亚铁浓度与 DO,pH,电位及氧化还原电位均存在相关性($P<0.05$)。我们知道植物的根系会形成铁膜,铁膜是根系泌氧使二价铁氧化成三价铁,三价铁在根表富集形成的[62-65]。根系活动又影响植物根际周围的氧化还原电位和pH,并且间接的影响铁异化还原过程[66]。这也进一步说明了植物的根系与氧化还原电位、pH 及铁关系密切,同时植物根系泌氧也影响着水中的溶解氧浓度。

本次水培试验中相关性结果显示湿地植物的 TN 去除率与 pH 之间存在极显著正相关关系($P=0.000,P<0.01$)。然而有研究表明水平潜流人工湿地和垂直潜流人工湿地中 TN 去除和 pH 成反比[67],可能是因为本次实验中 pH 波动范围较小,人工湿地中湿地植物与基质和微生物的共同作用也可能会导致结果的不一样。

2.4.2　结论

(1) 不同湿地植物之间的根系活力也不相同。本次水培试验中风车草的根系活力在8 种湿地植物中最高,对环境的适应性较强,根系活力最差的为再力花。在环境条件较差的情况下,我们可以优先选择根系活力较好的风车草。

(2) 湿地植物对 TN 均具有较好的去除效果。本实验 8 种湿地植物中 TN 去除率最高的是风车草,去除率达到 80.33%。TP 去除率最高的为风车草,去除率为 85.96%。选择湿地植物去除 TP 及 TN 时可以优先考虑风车草。8 种湿地植物对于 COD 的去除率和CK 相比无明显差异,表明这 8 种湿地植物对 COD 的影响不显著。

(3) 本试验中 DO,pH,氧化还原电位及温度均与亚铁浓度存在相关性,说明水体中的亚铁浓度极易受环境因素的影响,我们可以考虑调控环境变化来影响铁浓度,从而影响磷的去除。

参考文献

[1] 联合国环境规划部署. 世界自然资源保护大纲[S]. 1980.

[2] Fletcher S, Kawabe M, Rewhorn S. Wetland conservation and sustainable coastal governance in Japan and England[J]. Marine Pollution Bulletin, 2011,62(5).

[3] Park N, Kim J H, Cho J. Organic matter, anion, and metal wastewater treatment in Damyang surface-flow constructed wetlands in Korea[J]. Ecological Engineering, 2007,32(1).

[4] 籍国东, 孙铁珩, 李顺. 人工湿地及其在工业废水处理中的应用[J]. 应用生态学报, 2002 (02):224-228.

[5] Wu M, Que C, Xu G, et al. Occurrence, fate and interrelation of selected antibiotics in sewage treatment plants and their receiving surface water[J]. Ecotoxicology and Environmental Safety,

2016,132.

［6］ Zhang G, Lee D, Cheng F. Treatment of domestic sewage with anoxic/oxic membrane-less microbial fuel cell with intermittent aeration[J]. Bioresource Technology, 2016,218.

［7］ Vymazal Jan, 卫婷, 赵亚乾, 等. 细数植物在人工湿地污水处理中的作用[J]. 中国给水排水, 2021,37(02):25-30.

［8］ 陈双, 王国祥, 许晓光, 等. 水生植物类型及生物量对污水处理厂尾水净化效果的影响[J]. 环境工程学报, 2018,12(05):1424-1433.

［9］ 陈永华, 吴晓芙, 蒋丽鹃. 处理生活污水湿地植物的筛选与净化潜力评价[J]. 环境科学学报, 2008 (08):1549-1554.

［10］ 商晓静. 北京人工湿地的植物筛选与污水净化效果研究[D]. 北京:中国林业科学研究院, 2009.

［11］ 吁思颖. 南昌市人工湿地生活污水处理系统构建及净化效能研究[D]. 南昌:南昌航空大学, 2016.

［12］ 王文国, 苏小红, 汤晓玉, 等. 用于农村生活污水处理的常见外来湿地植物的环境风险评估与管理 [J]. 生态与农村环境学报, 2013,29(02):191-196.

［13］ 郝明旭, 霍莉莉, 吴珊珊. 人工湿地植物水体净化效能研究进展[J]. 环境工程, 2017, 35 (08):5-10.

［14］ 刘颖, 刘磊, 袁平成, 等. 几种水培植物对生活污水的净化效果比较[J]. 江西农业大学学报, 2014, 36(04):881-886.

［15］ 刘明文, 孙昕, 李鹏飞, 等. 3种水生植物及其组合吸收去除水中氮磷的比较[J]. 环境工程学 报:1-12.

［16］ 许国云, 段宗亮, 田昆. 滇西北高原主要湿地挺水植物净化氮、磷效应研究[J]. 山东林业科技, 2014,44(02):1-6.

［17］ 庞庆庄, 郭建超, 魏超, 等. 4种湿地植物对污水中氮磷的去除效能及其迁移规律[J]. 西北林学院 学报, 2019,34(6):68-73

［18］ 刘文杰, 许兴原, 何欢, 等. 4种湿地植物对人工湿地净化生活污水的影响比较[J]. 环境工程学报, 2016,10(11):6313-6319.

［19］ JJ W. The role of water plant in water treatment[J]. Agricultural Engeneering, 1986,57(6):9-10.

［20］ Kassim T I, Al-Saadi H A, Al-Lami A A, et al. Heavy metals in water, suspended particles, sediments and aquatic plants of the upper region of EupHrates river, Iraq[J]. Journal of Environmental Science and Health, Part A, 1997,32(9-10).

［21］ Vailant T N, Monnet F, Sallanon H, et al. Treatment of domestic wastewater by an hydroponic NFT system[J]. ChemospHere, 2003,50(1).

［22］ H F L, M C S, David S. A test of four plant species to reduce total nitrogen and total pHospHorus from soil leachate in subsurface wetland microcosms. [J]. Bioresource technology, 2004,94(2).

［23］ Tanner C C. Plants for constructed wetland treatment systems — A comparison of the growth and nutrient uptake of eight emergent species[J]. Ecological Engineering, 1996,7(1).

［24］ Hill D T, Payton J D. Effect of plant fill ratio on water temperature in constructed wetlands 1 This work was supported by the Alabama Agricultural Experiment Station (AAES) under Regional Research Project S-275 and by the USDA-NRCS under Cooperative Agreement No. 68-4104-

2-18. It is designated as Journal Series No. 2-985925 by the AAES. 1[J]. Bioresource Technology, 2000,71(3).

[25] Stottmeisier U, Wießner A, Kuschk P, et al. Effects of plants and microorganisms in constructed wetlands for wastewater treatment[J]. Biotechnology Advances, 2003,22(1).

[26] Barbera A C, Cirelli G L, Cavallro V, et al. Growth and biomass production of different plant species in two different constructed wetland systems in Sicily[J]. Desalination, 2008,246(1).

[27] 陈发先,王铁良,柴宇,等. 人工湿地植物研究现状与展望[J]. 中国农村水利水电,2010(02): 1-4.

[28] 马宗琪,邱念伟. 植物营养液的配制与应用[J]. 生物学教学,2012,37(02):57-58.

[29] 国家环境保护总局,水和废水监测分析方法编委会. 水和废水监测分析方法(第四版)[G]. 中国环境科学出版社,2002.

[30] 王三根. 植物生理学实验教程[M]. 科学出版社,2017.

[31] 王玉彬. 四种湿地植物生长特性与污水净化效果研究[D]. 广州:华南师范大学,2007.

[32] 刘霄,唐婷芳子,黄岁樑,等. 4种湿地植物的生长特性和污水净化效果研究[J]. 云南农业大学学报(自然科学),2013,28(03):392-399.

[33] 张玥. 几种湿地植物对生活污水的净化效果研究[D]. 西安:西北农林科技大学,2019.

[34] 钟顺清. 湿地植物根表铁膜对磷、铅迁移转化及植物有效性影响的机理探讨[D]. 杭州:浙江大学,2009.

[35] 李华超,陈宗晶,陈章和. 六种湿地植物根际氧化还原电位的日变化[J]. 生态学报,2014,34(20): 5766-5773.

[36] 刘燕,万福绪,王瀚起. 不同水生植物对富营养化水体氮磷的去除效果[J]. 林业科技开发,2013, 27(03):72-75.

[37] 谭宏伟,刘汝海. 秋季湿地景观植物水培净化微污染河水的研究[J]. 环境科学与技术,2013,36(S1):205-209.

[38] 蔡巧川. 三种湿地植物去除总磷氨氮效果研究[J]. 广东化工,2017,44(19):47-48.

[39] 李龙山,倪细炉,李志刚,等. 5种湿地植物生理生长特性变化及其对污水净化效果的研究[J]. 农业环境科学学报,2013,32(08):1625-1632.

[40] 肖海文,邓荣森,翟俊,等. 溶解氧对人工湿地处理受污染城市河流水体效果的影响[J]. 环境科学,2006(12):2426-2431.

[41] 崔理华,朱夕珍,骆世明,等. 垂直流人工湿地系统对污水磷的净化效果[J]. 环境污染治理技术与设备,2002(07):13-17.

[42] 朱静平,程凯,孙丽. 水培植物净化系统不同氮磷去除作用的贡献[J]. 环境科学与技术,2011,34(05):175-178.

[43] 曾忠强,刘杰,张梁,等. 5种邛海人工湿地植物去污能力比较[J]. 西昌学院学报(自然科学版),2020,34(01):57-61.

[44] 韩云,程凯,赵以军. 高效降解生活污水中COD的根际微生物的分离筛选[J]. 微生物学杂志,2008(02):61-64.

[45] 赵晓芬. 几种湿地植物根际微生物的分离鉴定及其污水净化效果的研究[D]. 青岛:中国海洋大

学，2012.

[46] 梁威，胡洪营. 人工湿地净化污水过程中的生物作用[J]. 中国给水排水，2003(10):28-31.

[47] 刘洋，王世和，黄娟，等. 两种人工湿地长期运行效果研究[J]. 生态环境，2006(06):1156-1159.

[48] Colmer T D. Long-distance transport of gases in plants: a perspective on internal aeration and radial oxygen loss from roots[J]. Plant, Cell & Environment, 2003,26(1).

[49] Shimanura S, Mochizuki T, Nada Y, et al. Formation and function of secondary aerenchyma in hypocotyl, roots and nodules of soybean (Glycine max) under flooded conditions[J]. Plant and Soil, 2003,251(2).

[50] Armstrong J, Armstrong W, Beckett P M. Phragmites australis: Venturi-and Humidity-Induced Pressure Flows Enhance Rhizome Aeration and RhizospHere Oxidation[J]. New pHytologist, 1992,120(2).

[51] Crowder A A, Coltman D W. Formation of manganese oxide plaque on rice roots in solution culture under varying pH and manganese (Mn^{2+}) concentration conditions[J]. Journal of Plant Nutrition, 1993,16(4).

[52] L. S, D. F, C. C P G. Microscopic observations of the iron plaque of a submerged aquatic plant (Vallisneria americana Michx)[J]. Elsevier, 1993,46(2).

[53] Taylor G J, Crowder A A. Copper and nickel tolerance in TypHa latifolia clones from contaminated and uncontaminated environments[J]. NRC Research Press Ottawa, Canada, 1984,62(6).

[54] Liu H J, Zhang J L, Zhang F S. Role of iron plaque in Cd uptake by and translocation within rice (Oryza sativa L.) seedlings grown in solution culture[J]. Environmental and Experimental Botany, 2006,59(3).

[55] Zhou X, Shi W, Zhang L. Iron plaque outside roots affects selenite uptake by rice seedlings (Oryza sativa L.) grown in solution culture[J]. Plant and Soil, 2007,290(1-2).

[56] 贾雪莹. 铁输入对小兴凯湖湿地植物-沉积物系统磷迁移的影响研究[D]. 长春:中国科学院大学（中国科学院东北地理与农业生态研究所），2019.

[57] 刘婧，陈昕，罗安程，等. 湿地植物根表铁膜在污水磷去除中的作用[J]. 浙江大学学报（农业与生命科学版），2011,37(02):224-230.

[58] 王震宇，刘利华，温胜芳，等. 2种湿地植物根表铁氧化物胶膜的形成及其对磷素吸收的影响[J]. 环境科学，2010,31(03):781-786.

[59] 阳路芳. 湿地植物根表铁膜对人工湿地磷净化的影响及其机理研究[D]. 成都:四川农业大学，2011.

[60] 吕宪国. 湿地生态系统观测方法[M]. 北京:中国环境科学出版社，2005:182-213.

[61] 周玥，韩玉国，张梦，等. 4种不同生活型湿地植物对富营养化水体的净化效果[J]. 应用生态学报，2016,27(10):3353-3360.

[62] Nóbrega GN, Ferreira TO, Romero RE, et al. Oxic microzones and radial oxygen loss from roots of Zostera marina[J]. Marine Ecology Progress Series, 2005,293.

[63] Armstrong W. Oxygen Diffusion from the Roots of Some British Bog Plants[J]. E. Learning Age, 1964,204:801.

[64] A C, L S. Iron oxide plaque on wetland roots[J]. Trends in Soil Science, 1911,1:15-329.

[65] Nóbrega GN, Ferreira TO, Romero RE, et al. Iron and sulfur geochemistry in semi-arid mangrove soils (Ceará, Brazil) in relation to seasonal changes and shrimp farming effluents[J]. Environmental Monitoring and Assessment, 2013,185(9).

[66] 罗敏,黄佳芳,刘育秀,等. 根系活动对湿地植物根际铁异化还原的影响及机制研究进展[J]. 生态学报, 2017,37(01):156-166.

[67] 齐冉,张灵,杨帆,等. 水力停留时间对潜流湿地净化效果影响及脱氮途径解析[J]. 环境科学:1-13.

第3章 垂直流人工湿地处理农村
生活污水的试验研究

3.1 引言

人工湿地对污水的处理工艺于 1903 年首次在英国建成,且一直维持到 1992 年。而对于人工湿地的理论研究开始于 1953 年德国,研究表明,芦苇可以去除人工湿地中大量的有机物和无机物[1]。我国首次对湿地的研究是在"七五"期间北京昌平建设的处理生活污水与工业废水的自由面人工湿地。其次,在 1990 年,国家环保局华南环保所在深圳建造了一座潜流湿地与稳定塘工艺结合的白泥坑人工湿地,且处理后的出水水质较好[2]。目前,人工湿地以去污效果好、建造运营成本低和方便管理等优点使越来越多人工湿地系统被运用于生活污水的处理。

利用人工湿地处理生活污水可减少其他工艺对水质的再次污染。Cong 等[3]对模块化人工湿地进行了研究,结果表明模块化人工湿地对污水有较好的处理效果。Kemal Gunes 等[4]发现不同水力负荷对湿地系统中的污水中污染物去除效果不同。在人工湿地对生活污水的处理过程中,有研究发现,不同人工湿地基质和不同植物配置对污水的去除效果也有很大差异[5,6]。不同人工湿地系统针对不同污染物,要充分发挥人工湿地的优点,在确保生态安全的同时,对污水处理达到最佳的效果[7]。

本实验基于人工湿地对生活污水净化强的特点,构建垂直流人工湿地(CW-A 和 CW-B),研究垂直流人工湿地对农村生活污水中污染物的去除。结果表明:(1) CW-A 对 TN,TP,COD 的平均去除率分别为 23.46%,37.94%,78.92%;(2) CW-B 对 TN, TP,COD 的平均去除率分别为 20.69%,35.73%,79.14%;(3) CW-A 和 CW-B 对 NH_4^+-N 的去除效果较低,NO_2^--N 在系统中的浓度变化波动较大,对 NO_3^--N 的去除效果较好,平均去除率分别为 86.54% 和 66.34%;(4) 在 CW-A 中加入人工合成基质的情况下,CW-A 对 TN,TP,NO_3^--N 的去除率高于 CW-B,因此,人工合成基质的加入,有助于湿地系统对 TN,TP,NO_3^--N 的去除。

研究内容及技术路线

3.1.1　研究内容

通过构建小型垂直流人工湿地、模拟农村生活污水,并对农村生活污水中的总氮、总磷、COD、氨氮、硝态氮、Fe 等进行测定,同时监测系统运行时的环境因素,探讨垂直流人工湿地对农村生活污水中理化性质的去除效果。

3.1.2　技术路线

技术路线如图 3.1 所示。

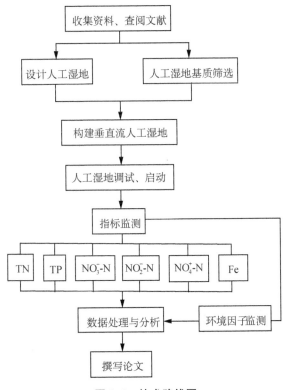

图 3.1　技术路线图

3.2　材料与方法

3.2.1　试验材料

1. 试验装置

试验采用长×宽×高＝0.88 m×0.67 m×0.65 m 的塑料蓄水桶为反应系统。反应系统命名为 CW - A 和 CW - B。CW - A 中基质从下往上依次为高 10 cm 的砾石(包括直径为 1～3 cm,3～5 cm,5～10 cm 的砾石)、高 30 cm 的河砂及 1 cm 的人工合成基质。

CW-B中基质除人工合成基质外与CW-A中的基质组成相同。系统调试运行两周后，于2020年9月13日正式运行，共计134 d，蠕动泵连续进水，每天进水3 h，转速为100 r/min。试验装置如图3.2所示。

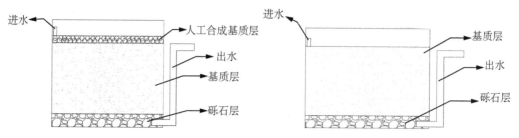

图3.2 CW-A(左)与CW-B(右)试验装置图

2. 试验进水水质

试验进水水质来自实验室模拟的农村生活污水的水质指标，采用淀粉、磷酸二氢钾、硝酸钾、硫酸亚铁铵、硫酸镁配置系统进水，进水水质见表3.1。

表3.1 垂直流人工湿地进水水质

水质指标	(TN) /(mg/L)	TP /(mg/L)	DO /(mg/L)	SS /(mg/L)	pH 值	EH /(mV)	$NH_4^+ - N$ /(mg/L)	COD /(mg/L)
CW-A	33.91~40.73	5.59~6.21	7.09~12.21	239.00~290.00	7.30~7.96	−56.40~−23.40	16.42~41.46	238.03~504.25
CW-B	34.13~40.90	4.46~6.28	7.16~11.89	239.00~290.00	7.29~7.99	−58.00~−19.70	19.07~44.12	242.34~488.39

3.2.2 试验仪器

试验所用仪器设备见表3.2。

表3.2 试验所用仪器

序号	仪器名称	仪器型号
1	可见分光光度计	V-5000
2	紫外可见分光光度计	UV-5100
3	便携式pH计	HQ40d
4	pH计	雷磁pHS-25
5	立式压力蒸汽灭菌锅	LS-50HD
6	消解器	MX-100
7	数显恒温水浴锅	—
8	恒温磁力搅拌器	HJ-3

注：—缺失。

3.2.3　试验方法与试剂

1. 试验方法

试验采用对照的方法,对湿地系统进出水进行监测,每次取三个平行样,采用《水和废水监测分析方法》[8]中监测方法,监测指标和方法见表 3.3。

表 3.3　监测指标及方法

序号	测试指标	测试方法
1	TN	过硫酸钾氧化-紫外分光光度法
2	$NO_3^- - N$	酚二磺酸光度法
3	$NO_2^- - N$	N-(1-萘基)-乙二胺光度法
4	$NH_4^+ - N$	水杨酸-次氯酸盐光度法
5	TP	钼锑抗分光光度法
6	COD	快速密闭催化消解法
7	Fe	邻菲啰啉分光光度

2. 试验试剂

试验用到的主要试剂如表 3.4 所示。

表 3.4　试验所用试剂

编号	药品名称	级别
1	硝酸钾	分析纯
2	磷酸二氢钾	分析纯
3	淀粉	分析纯
4	硫酸铵	分析纯
5	七水合硫酸镁	分析纯
6	氢氧化钠	分析纯
7	重铬酸钾	分析纯
8	四水合钼酸铵	分析纯
9	抗坏血酸	分析纯
10	酒石酸锑氧钾	分析纯
11	硫酸亚铁	分析纯

编号	药品名称	级别
12	亚硝酸钠	优级纯
13	N-(1-萘基)-乙二胺盐酸盐	分析纯
14	磷酸	分析纯
15	苯酚	分析纯
16	氨水	分析纯
17	硫酸	分析纯
18	水杨酸	分析纯
19	次氯酸钠	分析纯
20	氯化铵	优级纯
21	盐酸羟胺	分析纯
22	乙酸铵	分析纯
23	冰乙酸	分析纯
24	邻菲啰啉	分析纯
25	硫酸亚铁铵	分析纯
26	硫酸银	分析纯
27	盐酸	分析纯
28	过硫酸钾	优级纯

3.3 结果分析

3.3.1 垂直流人工湿地对氮的研究效果

1. 对 TN 去除效果的研究

垂直流人工湿地系统对农村生活污水中 TN 的去除效果如图 3.3 所示。根据 TN 去除率变化图可知,CW－A 和 CW－B 对 TN 的去除率分别在 15.06%～37.94%,15.01%～35.73%;平均去除率分别为 23.46%,20.69%。从总体趋势上看,CW－A 和 CW－B 对 TN 的去除波动幅度大。由于 CW－A 中添加了人工合成基质,对 TN 的去除率大于 CW－B,提高了 CW－A 对 TN 的去除。

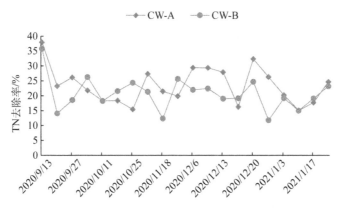

图 3.3　垂直流人工湿地中 TN 去除率

2. 对 $NO_3^- - N$ 去除效果的研究

如图 3.4 所示:两个人工湿地系统对 $NO_3^- - N$ 的去除效果较好,在系统运行期间,CW-A 和 CW-B 中去除率最高分别为 98.63%,98.20%,最低分别为 65.04%,36.67%。随着系统运行逐渐稳定,CW-A 对 $NO_3^- - N$ 的去除率大于 CW-B,且 CW-A 对 $NO_3^- - N$ 的去除率逐渐趋于平稳;而 CW-A 对 $NO_3^- - N$ 的去除率明显高于 CW-B,对 $NO_3^- - N$ 的去除趋势也一直处于 CW-B 之上,且去除率提高了 20.20%,一直到实验结束时,CW-A 对 $NO_3^- N$ 的去除仍高于 CW-B,说明人工合成基质的加入能有效去除湿地系统中的 $NO_3^- - N$。

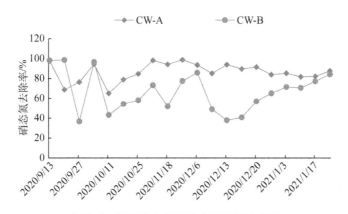

图 3.4　垂直流人工湿地中硝态氮去除率

3. 垂直流人工湿地中 $NO_2^- - N$ 的浓度变化

由图 3.5 可知,两个湿地系统的 $NO_2^- - N$ 进水浓度在 0.001～0.004 mg/L 之间,基本保持平稳。而 $NO_2^- - N$ 的出水浓度则高于进水浓度,波动较大。$NO_2^- - N$ 作为硝化和反硝化作用的中间产物,存在形式不稳定,所以两个湿地系统出水浓度波动较大。

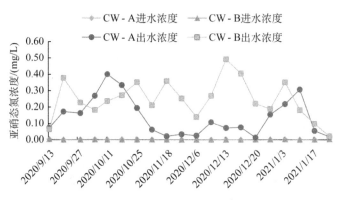

图 3.5　垂直流人工湿地中亚硝态氮浓度变化

4．对 NH_4^+ - N 去除效果的研究

如图 3.6 为垂直流人工湿地对 NH_4^+ - N 的去除：从图中可以看出 CW - A 和 CW - B 对 NH_4^+ - N 的去除在系统开始运行时波动较大，系统运行稳定时，又趋于平稳的状态。CW - A 和 CW - B 对 NH_4^+ - N 的去除率分别在处在 7. 78％～38. 87％，6. 11％～58. 86％，平均去除率分别为 19. 15％，22. 87％。CW - A 中人工合成基质的加入对 NH_4^+ - N 的去除并没有太大的影响。

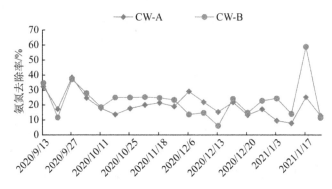

图 3.6　垂直流人工湿地中氨氮去除率

3.3.2　垂直流人工湿地对 TP 的去除效果

图 3.7 为人工湿地去除 TP 的效果图。湿地系统对 TP 的去除机理主要是基质沉淀吸附和微生物的去除。从图中可以看出，CW - A 和 CW - B 的 TP 去除率逐渐降低，CW - A 和 CW - B 在刚开始运行时对 TP 的去除出现最大值，分别为 93. 72％和 84. 92％，在系统运行结束时出现最小值，分别为 4. 01％和－9. 87％。人工湿地运行的时间越长，对 TP 的去除率也越低。但从总体的趋势上看，CW - A 中添加了人工合成基质对 TP 的去除要高于 CW - B 中未加人工合成基质对 TP 的去除。

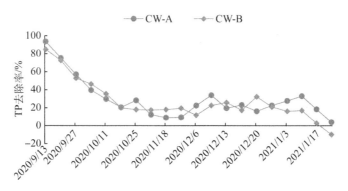

图 3.7　垂直流人工湿地中 TP 去除率

3.3.3　垂直流人工湿地对 COD 的去除效果

垂直流人工湿地 CW－A 与 CW－B 的进水浓度最高为 504.25 mg/L 和 488.39 mg/L，最低进水浓度为 238.03 mg/L 和 242.34 mg/L。CW－A 和 CW－B 在 COD 浓度较高的情况下，对 COD 的去除率依旧保持在 50% 以上。如图 3.8 所示，CW－A 和 CW－B 对 COD 的去除呈现出先增大，后减小，然后趋于相对平稳的状态。CW－A 和 CW－B 运行初期，对 COD 的去除率较低。CW－A 与 CW－B 运行中后期，去除率波动较大。CW－A 与 CW－B 运行后期，依旧保持较高的去除率。CW　A 和 CW　B 对 COD 的去除效果差异不明显，平均去除率分别为 78.92% 和 79.14%，且对 COD 的去除都较高。

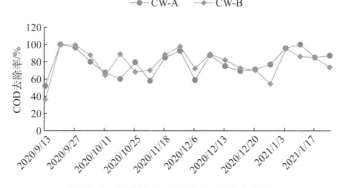

图 3.8　垂直流人工湿地中 COD 去除率

3.3.4　垂直流人工湿地中 Fe 的浓度变化

1. 总铁的浓度变化

垂直流人工湿地系统中总铁浓度变化如图 3.9 所示。整个实验期间，CW－A 和 CW－B 的进水浓度处在 0.05～0.34 mg/L 之间，平均进水浓度分别为 0.15 mg/L 和

0.16 mg/L。两个湿地系统的进水浓度的变化趋势波动都较大,而两个湿地系统的出水浓度则有所不同:CW-A的平均出水浓度为 0.20 mg/L,且一直处于平稳状态,直到系统运行后期,CW-A 中总铁浓度有所升高;CW-B 的平均出水浓度为 0.24 mg/L,系统运行初期,CW-B 中总铁的出水浓度逐渐降低,然后趋于平稳的状态,在系统运行后期,CW-B 中总铁的出水浓度逐渐升高。CW-A 和 CW-B 在系统运行后期都出现了总铁出水浓度升高的现象。

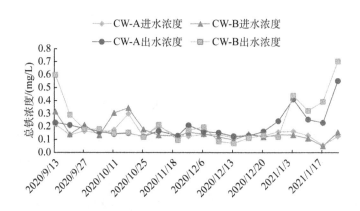

图 3.9　垂直流人工湿地中总铁浓度变化

2. 亚铁的浓度变化

垂直流人工湿地系统中亚铁浓度变化如图 3.10 所示:两个湿地系统亚铁进水浓度在 0.006~0.205 mg/L 之间,CW-A 和 CW-B 中亚铁的平均进水浓度分别为 0.060 mg/L 和 0.064 mg/L,两个湿地系统中亚铁进水浓度较低,且相对稳定。而 CW-A 和 CW-B 中亚铁的出水浓度比进水浓度高,且波动较大。

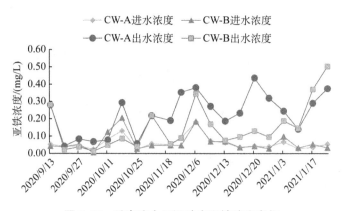

图 3.10　垂直流人工湿地中亚铁浓度变化

3. 可过滤铁的浓度变化

如图 3.11 所示：CW-A 和 CW-B 中可过滤铁进水浓度在 0.027～0.18 mg/L 之间，平均进水浓度分别为 0.079 mg/L 和 0.081 mg/L。CW-A 和 CW-B 中可过滤铁进水浓度在 9 月至 10 月中旬时呈现出先降低后升高的趋势，10 月下旬至 12 月中时趋于平稳的状态，12 月下旬至次年 1 月，两个湿地系统呈现出先增大后减小的趋势。CW-A 和 CW-B 的进水浓度相差不大，且变化趋势一致。CW-A 和 CW-B 中可过滤铁出水浓度比进水浓度高，出水浓度在 0.027～0.288 mg/L 之间，平均出水浓度分别为 0.113 mg/L 和 0.105 mg/L。从图中可以看出，CW-A 中可过滤铁的出水浓度大于 CW-B 中可过滤铁的出水浓度，且出水浓度比 CW-B 稳定。

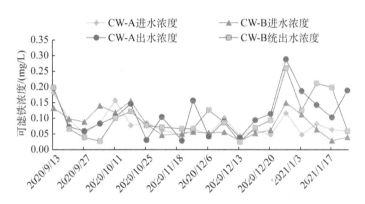

图 3.11　垂直流人工湿地中可过滤铁浓度变化

3.3.5　垂直流人工湿地环境因素

1. 环境因素的变化

CW-A 和 CW-B 在整个运行期间进水温度和出水温度由于气候变化在逐渐降低。CW-A 和 CW-B 中 DO 的进水浓度在 6.70～10.17 mg/L 之间，平均进水浓度分别为 8.36 mg/L 和 8.33 mg/L；CW-A 和 CW-B 中进水 pH 保持在 7.35～7.72 之间，平均进水 pH 分别为 7.54 和 7.52。CW-A 和 CW-B 中进水时电位在 −62.60～−22.70 mV 之间，平均进水电位分别为 −43.83 mV 和 −33.46 mV。

由图 3.12 和图 3.13 可知，CW-A 和 CW-B 出水浓度在 1.99～4.60 mg/L 之间，平均出水浓度分别为 3.45 mg/L 和 3.13 mg/L。两个系统中 DO 进水浓度高于出水浓度，可能是由于系统中厌氧微生物导致 CW-A 和 CW-B 中 DO 出水浓度降低。同时，CW-A 和 CW-B 中出水 pH 趋于平稳，氧化还原电位也趋于平稳的状态。

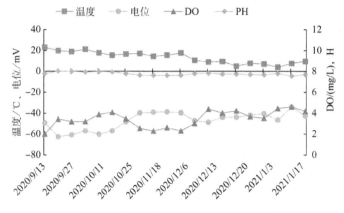

图 3.12 CW-A 中环境因素变化图

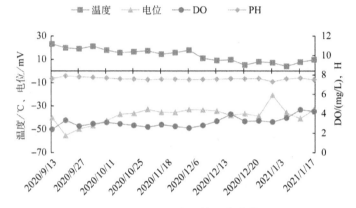

图 3.13 CW-B 中环境因素变化图

2. 环境因素的相关性

CW-A 和 CW-B 出水的环境因素的相关性如表 3.5 所示。由表可知,CW-A 和 CW-B 中 PH 与电位出现极显著负相关,相关系数达到了 0.997,说明系统中 PH 值越高,氧化还原电位越低。从表中还可以得出,两个湿地系统中出水温度与 DO 出水也呈现出相关性,相关系数达 0.624。

表 3.5 系统出水环境因素间相关性表

因素	DO 出水	温度出水	pH 出水	电位出水
DO 出水	1	−0.624**	0.231	−0.170
温度出水	−0.624**	1	0.365*	−0.436**
PH 出水	0.231	0.365*	1	−0.997**
电位出水	−0.170	−0.436**	−0.997**	1

注:** 表示在 0.01 级别(双侧)相关性显著;* 表示在 0.05 级别(双侧)相关性显著。

3.3.6　相关性分析

CW-A 和 CW-B 中污水指标间的相关性分析如表 3.6 所示。由表可知,TN 去除率与亚硝态氮浓度之间呈显著的负相关。硝氮去除率和亚硝氮浓度之间也有相关性,相关性系数达 0.637。从表中可以发现,亚铁出水浓度与 TP 去除率呈正相关,相关系数为 0.383。

表 3.6　湿地中各指标间相关性表

指标	TN 去除率	TP 去除率	COD 去除率	氨氮 去除率	硝态氮 去除率	亚硝态氮 出水浓度	总铁出 水浓度	亚铁出 水浓度	可过滤铁 出水浓度
TN 去除率	1	0.324**	−0.367**	0.184*	0.397**	−0.479**	0.177	0.383**	0.041
TP 去除率	0.324**	1	−0.076	0.164	0.099	0.103	−0.018	−0.380**	−0.003
COD 去除率	−0.367**	−0.076	1	−0.145	−0.144	0.220*	−0.018	−0.279**	−0.236**
氨氮 去除率	0.184*	0.164	−0.145	1	−0.002	−0.195*	0.079	0.022	0.071
硝态氮 去除率	0.397**	0.099	−0.144	−0.002	1	−0.637**	0.328**	0.484**	0.164
亚硝态氮 出水浓度	−0.479**	0.103	0.220*	−0.195*	−0.637**	1	−0.338**	−0.679**	−0.187*
总铁出 水浓度	0.177	−0.018	−0.018	0.079	0.328**	−0.338**	1	0.509**	0.362**
亚铁出 水浓度	0.383**	−0.380**	−0.279**	0.022	0.484**	−0.679**	0.509**	1	0.367**
可过滤铁 出水浓度	0.041	−0.003	−0.236**	0.071	0.164	−0.187*	0.362**	0.367**	1

注:** 表示在 0.01 级别(双侧),相关性显著;* 表示在 0.05 级别(双侧),相关性显著。

3.4　讨论与结论

3.4.1　垂直流人工湿地对氮的去除效果

1. TN 的去除效果

人工湿地对污水中氮的去除主要通过基质中微生物和植物的共同吸收作用。结果分析可得:两个系统在开始运行时对 TN 的去除率最高,分别为 37.94％和 35.73％,可能是由于系统运行初期,TN 在系统中停留时间较短,没有与湿地系统中微生物充分接触;而且,两个人工湿地对 TN 的去除效果都不稳定,可能是系统中基质层薄,空气交换快,厌氧和好氧微生物活动不稳定,湿地系统中没有形成稳定的微生物群落,导致湿地系统对 TN 的去除不稳定。从研究结果中发现,TN 的去除与 $NO_3^- - N$ 的去除呈负相关,可能是由于人工湿地中厌氧微生物对 $NO_3^- - N$ 的作用较强,影响了湿地系统对 TN 的去除。除此之外,$NO_2^- - N$ 的累积也会导致微生物对氮的转化不完全,造成湿地系统 TN 的去除效果降低[9]。但 CW-A 对 TN 的去除要高于 CW-B 对 TN 的去除,可能因为 CW-A 中添加人工合成基质,使 CW-A 对 TN 的去除增强。

2. $NH_4^+ - N$ 的去除效果

CW-A 与 CW-B 中 $NH_4^+ - N$ 的去除效果较差,而 CW-A 中加入的人工合成基质含有一定的碳源,对 $NH_4^+ - N$ 的去除并没有较大的影响,CW-B 中没有添加人工合成基质对 $NH_4^+ - N$ 的去除要略高于 CW-A。说明向湿地系统中添加碳源对 $NH_4^+ - N$ 的去除影响不大,这与刘圣等[10]在湿地中添加碳源 $NH_4^+ - N$ 的去除效果并没有明显变化规律的研究结果一致。两个湿地系统对 $NH_4^+ - N$ 的去除效果差可能是由于进水中和被截留在湿地系统中的含氮有机物通过氨化细菌的作用转化成 $NH_4^+ - N$,导致 $NH_4^+ - N$ 的去除率降低[11]。也可能是 CW-A 和 CW-B 中 DO 进水浓度偏低,抑制了硝化细菌的硝化作用,使湿地系统对 $NH_4^+ - N$ 的去除效果降低[12]。同时,人工湿地中 DO 浓度降低,导致湿地系统对 $NH_4^+ - N$ 的去除效果不明显。由于 $NH_4^+ - N$ 在含氮化合物中含氮量最高,所以应加强氨化作用和硝化作用,使氨氮转化成其他形式的氮,增强对 $NH_4^+ - N$ 的去除效果。

1. $NO_2 - N$ 和 $NO_3 - N$ 的研究

经试验测定得出,CW-A 和 CW-B 进水中 $NO_2^- - N$ 含量较低,只有 0.001～0.004 mg/L,出水浓度则较高,且波动幅度较大。这可能是由于湿地系统中厌氧微生物的作用导致 $NO_2^- - N$ 浓度升高,也可能是由于硝化作用不完全导致 $NO_2^- - N$ 的出水浓度升高;CW-A 和 CW-B 对 $NO_3^- - N$ 的平均去除率都较高,平均去除率分别为 86.54％和 66.34％。而系统中 $NO_2^- - N$ 和 $NO_3^- - N$ 的变化出现相反的趋势,试验也得出系统中 $NO_2^- - N$ 和 $NO_3^- - N$ 具有极显著的负相关($P<0.01$)。从试验中可以得出,CW-A 和 CW-B 中 $NO_3^- - N$ 依靠反硝化细菌的作用,能有效地将系统湿地系统中 $NO_3^- - N$ 去除。而 CW-A 和 CW-B 中 $NO_2^- - N$ 出水浓度升高,说明污水中原本含有的通过硝化细菌硝化作用转化得到的 $NO_2^- - N$,保留在了湿地系统中,导致 $NO_2^- - N$ 的浓度升高。综上所述,CW-A 和 CW-B 中 $NO_2^- - N$ 浓度的升高和 $NO_3^- - N$ 去除率升高是由于含氮有机物在反硝化细菌作用下生成和去除的[13]。同时,CW-A 对 $NO_3^- - N$ 的去除率高于 CW-B 对 $NO_3^- - N$ 的去除率,说明 CW-A 中加入的人工合成基质有利于提高反硝化的活性,对湿地系统中 $NO_3^- - N$ 的去除有显著的效果。

湿地系统中 $NO_3^- - N$ 的去除率均高于 $NH_4^+ - N$ 和 TP 的去除率,说明应增强氨化作用,提高对 $NH_4^+ - N$ 的去除。且湿地系统中 $NO_2^- - N$ 的出水浓度高于进水浓度,硝化作用不完全,对 TN 的去除效果也不明显。

3.4.2　垂直流人工湿地中磷的去除效果

人工湿地中 TP 的去除包括物理和化学吸附、沉淀物形成、微生物同化和植物吸收等[14]。研究可得,两个系统在运行初期,CW - A 对 TP 去除率达 93.73%,CW - B 对 TP 去除率达 84.92%。说明 CW - A 和 CW - B 运行初期对 TP 的去除效果较好,可能是湿地运行初期,基质中的吸附未达到饱和,对 TP 的去除效果较好。两个湿地系统运行到最后,对 TP 的去除率出现最小值,说明,人工湿地运行到后期,基质吸附达到饱和,使 TP 的去除率降低。CW - A 对 TP 的去除略高于 CW - B 对 TP 的去除,CW - A 和 CW - B 中 TP 的平均去除率分别为 29.78% 和 27.12%。说明人工合成基质的添加,有利于湿地系统中 TP 的去除。本试验的研究结果发现,TP 的去除与 pH 有极显著相关性($P<0.01$)。也有研究发现,在碱性条件下,提高 DO 浓度,能将湿地系统中的二价铁离子转化为三价铁离子,形成氢氧化铁胶体,吸附污水中的磷,还能加强聚磷菌对磷的吸附,增强湿地系统对 TP 的吸附[15]。说明适当增大系统中 pH 和提高系统中 DO 浓度有助于湿地中铁离子对 TP 的吸附。且实验得出,湿地中亚铁浓度与 TP 的去除率也具有相关性($P<0.05$)。

3.4.3　垂直流人工湿地对 COD 的去除效果

湿地系统对 COD 的去除主要以微生物的降解为主,污水在系统中与微生物接触反应时间长,微生物能充分发挥作用,使 COD 浓度降低,提高 COD 的去除效率[16]。本试验中 CW - A 和 CW - B 中进水 COD 浓度范围在 238.03~504.25 mg/L 之间,属于高浓度有机污染物。而 CW - A 和 CW - B 对 COD 的去除率则高达 79% 左右。在试验初期,两个湿地系统对 COD 的去除率都较低,可能是湿地运行时间较短,还没有形成稳定的生物膜;实验进行到中期,COD 达到平稳状态且去除率较明显,可能是由于湿地系统中微生物膜达到了一个稳定的状态,使 CW - A 和 CW - B 对 COD 的去除率有明显的提高,且趋于稳定。即使是湿地系统运行后期,湿地系统堵塞严重的情况下,CW - A 和 CW - B 中 COD 的去除率也保持平稳的状态,说明基质堵塞并不影响湿地系统对 COD 的去除。

3.4.4　垂直流人工湿地中铁的浓度

试验结果显示,CW - A 和 CW - B 中总铁、亚铁和可过滤铁的进水浓度均小于出水浓度,可能是基质中存在的含铁化合物被氧化或还原,使 CW - A 和 CW - B 中铁的出水浓度升高。也可能是由于湿地中厌氧微生物的作用使二价铁被还原,导致总铁出水浓度升高。同时,亚铁参与氧化还原反应,在湿地系统中可能被氧化为高价铁,也可能被还原成低价铁,所以导致 CW - A 和 CW - B 中亚铁出水浓度不稳定。而铁在水中存在的主要形式为二价铁离子,且二价铁在水中的溶解度大,易于空气中的氧气结合形成三价铁。三价铁离子又和水中的氢氧根形成氢氧化铁和氢氧化亚铁胶体,吸附水中的磷酸盐[15]。本次试验中也发现 CW-A 和 CW-B 对 TP 的去除率与亚铁出水浓度具有相关性,相关系数为 $0.380(P<0.01)$。

3.4.5 结论

本试验以农村生活污水为研究对象,针对农村生活污水中的理化性质,在试验室内模拟小型人工湿地展开研究。得到的主要结论如下。

(1) CW-A 和 CW-B 对 TN 和 NH_4^+-N 的去除效果较差,应加强湿地中厌氧或好氧状态,提高系统去除 TN 和 NH_4^+-N 的效率;两个湿地系统对 NO_3^--N 的去除率都较高,而 CW-A 中加入人工合成基质后 NO_3^--N 的去除率要高于 CW-B,平均去除率提高了 20.20%。说明 CW-A 中加入了人工合成基质,有利于湿地系统 NO_3^--N 的去除。在以后的湿地建设中,可通过在湿地系统中添加人工合成基质来达到对 NO_3^--N 的去除效果。

(2) CW-A 和 CW-B 中 TP 的去除率在系统运行前期较高,并随着系统的运行在不断地降低,直到系统运行最后,CW-B 中 TP 的去除出现了负值,说明 TP 的去除与湿地中的基质吸附有关,随着基质的吸附饱和,湿地对 TP 的去除率在不断降低。

(3) CW-A 和 CW-B 对 COD 的去除较显著,去除率都保持在 79% 左右,且湿地运行后期开始堵塞,但湿地系统中 COD 的去除率并没有降低,因此湿地系统的堵塞对 COD 的去除影响较小。

参考文献

[1] 徐敬亮. 人工湿地技术在处理农村生活污水中的应用研究[D]. 南昌:南昌大学,2014.

[2] 姚远. 农村生活污水垂直流人工湿地一体化处理研究[D]. 成都:西南交通大学,2017.

[3] Cong C, Wang M, Jin L, et al. Design of modular constructed wetland and its effect on rural domestic sewage treatment[J]. IOP Conference Series:Earth and Environmental Science, 2021,657(1).

[4] Gunes K, Tuncsiper B, Ayaz S, et al. The ability of free water surface constructed wetland system to treat high strength domestic wastewater:A case study for the Mediterranean[J]. Ecological Engineering, 2012,44(none):278-284.

[5] 何利华,王守富. 人工湿地技术处理农村生活污水效果研究[J]. 当代化工,2019,48(12):2754-2757.

[6] 谢龙,汪德爟,戴昱. 水平潜流人工湿地有机物去除模型研究[J]. 中国环境科学,2009,29(05):502-505.

[7] 王红强,朱慧杰,张列宇,等. 人工湿地工艺在农村生活污水处理中的应用[J]. 安徽农业科学,2011,

39(22):13688 - 13690.

［8］国家环境保护总局,水和废水监测分析方法编委会.水和废水监测分析方法(第四版)［G］.北京:中国环境科学出版社,2002.

［9］崔贺,陆昕渝,常越亚,等.垂直流人工湿地强化农村生活污水脱氮试验研究［J］.华东师范大学学报(自然科学版),2018(06):59 - 67.

［10］刘圣,李程,温亚敏.海南地区垂直潜流人工湿地增加缓释碳源强化去除 TN 的性能研究［J］.环境与发展,2019,31(07):126 - 128.

［11］陈建.复合型人工湿地强化脱氮研究［D］.合肥:合肥工业大学,2020.

［12］薛彦茵.复合垂直流-水平流人工湿地深度处理农村生活污水的实验研究［D］.兰州:兰州交通大学,2018.

［13］徐丽.潜流型人工湿地系统污水处理效果及其基质堵塞问题解决方法的研究［D］.长沙:湖南农业大学,2014.

［14］凌祯,杨具瑞,于国荣,等.不同植物与水力负荷对人工湿地脱氮除磷的影响［J］.中国环境科学,2011,31(11):1815 - 1820.

［15］夏斌.人工湿地处理农村生活污水的问题诊断与氮磷强化去除技术研究［D］.上海:上海师范大学,2020.

［16］李芳.垂直流人工湿地处理农村生活污水的试验研究［D］.南昌:华东交通大学,2011.

第4章 垂直流人工湿地基质中污染物的空间分布

4.1 引言

近年来,垂直流人工湿地因去污效果好、成本低廉等原因而被广泛使用于污水净化之中。为进一步了解垂直流人工湿地基质中污染物的空间分布特征与关系,在实验室进行垂直流人工湿地运行模拟试验。结果表明,基质中硝氮、亚硝氮含量随着基质深度增加而降低,氨氮含量随基质深度增加而升高;有机质对基质中硝氮、亚硝氮、全磷的累积和迁移有显著影响,基质对全磷、有机质、腐殖质展现出良好的截留吸附能力,添加人工合成基质有利于提升基质的截留吸附能力。

4.2 材料方法

4.2.1 构建垂直流人工湿地

垂直流人工湿地的构建同第3章3.2.1。

4.2.2 进水水质

试验进水水质浓度范围同第3章3.1.2的"2.试验进水水质"。

4.2.3 试验试剂及仪器

1. 试验试剂

表4.1 试验使用试剂

编号	药品名称	纯度
1	浓硫酸	分析纯
2	二水柠檬酸钠	分析纯

编号	药品名称	纯度
3	氢氧化钠	分析纯
4	二氯异氰尿酸钠	分析纯
5	氯化钾	分析纯
6	氯化铵	优级纯
7	苯酚	分析纯
8	二水硝普酸钠	分析纯
9	浓磷酸	分析纯
10	亚硝酸钠	优级纯
11	磺胺	分析纯
12	盐酸 N-(1-萘基)-乙二胺	分析纯
13	重铬酸钾	分析纯
14	硫酸亚铁	分析纯
15	邻菲罗啉	分析纯
16	焦磷酸钠	分析纯
17	高氯酸	分析纯
18	2,4 二硝基酚	分析纯
19	酒石酸氧锑钾	分析纯
20	钼酸铵	分析纯
21	抗坏血酸	分析纯
22	磷酸二氢钾	优级纯
23	碳酸氢钠	分析纯
24	无磷活性炭	分析纯
25	碳酸钙	分析纯
26	氨水	分析纯
27	硫酸钙	分析纯
28	硝酸钾	优级纯

2．试验仪器

试验所需仪器见表4.2。

表 4.2　试验使用仪器

编号	仪器名称	型号
1	可见分光光度计	V－5000
2	紫外可见分光光度计	UV－5100
3	便携式 pH 计	HQ40D
4	pH 计	雷磁 pHS－25
5	立式压力蒸汽灭菌锅	LS－50HD 型
6	数显恒温水浴锅	—
7	恒温磁力搅拌器	HJ－3
8	数显气浴恒温振荡器	SHZ－82

4.2.4　分析测定方法

1．土壤指标分析方法

土壤指标分析方法见表4.3。

表 4.3　土壤指标分析方法

编号	测定指标	测定方法
1	氨氮	氯化钾溶液提取-分光光度法
2	硝氮	酚二磺酸比色法[1]
3	亚硝氮	氯化钾溶液提取-分光光度法
4	全磷	$HClO_4 - H_2SO_4$ 法[2]
5	速效磷	$0.5\ mol/L\ NaHCO_3$ 法[2]
6	有机质	重铬酸钾-硫酸消化法[1]
7	腐殖酸	焦磷酸钠、氢氧化钠混合溶液提取法[1]

2．数据处理

运用 Excel 2019，SPSS 26.0 软件对数据进行检验分析。

4.3　人工湿地基质中氮、磷、有机质空间分布情况

4.3.1　人工湿地基质中氮的分布

1．硝氮

两个系统基质中硝氮空间分布如图 4.1、图 4.2 所示，系统运行中期进行第一次基质

采样,运行结束后进行第二次基质采样,硝氮测定方法参照表 4.3。CW－A 运行中期基质中硝氮含量分布为上层＝中层＞下层,下层基质中硝氮含量出现负值,运行结束后基质中硝态氮含量上层最高,中层和下层都呈现负值。

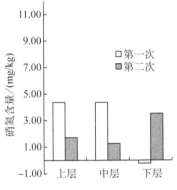

图 4.1　CW－A 硝氮空间分布图

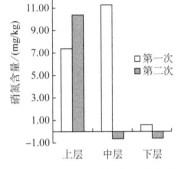

图 4.2　CW－B 硝氮空间分布图

2. 亚硝氮

两个系统基质中亚硝氮空间分布如图 4.3、图 4.4 所示,系统运行中期进行第一次基质采样,运行结束后进行第二次基质采样,亚硝氮测定方法参照表 4.3。CW－A 运行中期中层基质中亚硝氮含量分布为中层＞下层＞上层,运行结束后基质中亚硝氮含量分布为上层＞中层＞下层;相比运行中期,上层基质中亚硝氮含量升高,中、下两层基质中亚硝氮含量均降低。CW－B 运行中期基质中亚硝氮含量分布为上层＞中层＞下层,运行结束后基质中亚硝氮含量分布为中层＞下层＞上层;相比运行中期,上层基质中亚硝氮含量明显降低,中、下两层基质中亚硝氮含量略微升高。

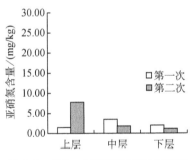

图 4.3　CW－A 亚硝氮空间分布图

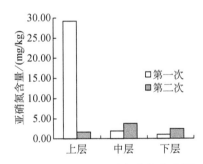

图 4.4　CW－B 亚硝氮空间分布图

3. 氨氮

两个系统基质中氨氮空间分布如图 4.5、图 4.6 所示,系统运行中期进行第一次基质采样,运行结束后进行第二次基质采样,氨氮测定方法参照表 4.3。CW－A 运行中期基质氨氮含量分布为中层＞下层＞上层,运行结束后基质中氨氮含量分布为下层＞中层＞上层,整体看来上层氨氮含量低于中下层基质氨氮含量。CW－B 运行中期基质氨氮含量分布为下层＞中层＞上层,运行结束后基质中氨氮含量分布为上层＞下层＞中层,相比运行中期,上、下层基质氨氮含量均升高,上层基质氨氮含量显著升高。

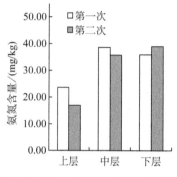

图 4.5　CW-A 氨氮空间分布图

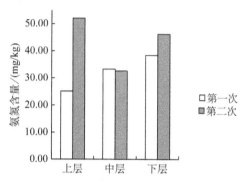

图 4.6　CW-B 氨氮空间分布图

4.3.2　人工湿地基质中磷的分布

1. 全磷

两个系统基质中全磷空间分布如图 4.7、图 4.8 所示,系统运行中期进行第一次基质采样,运行结束后进行第二次基质采样,全磷测定方法参照表 4.3。CW-A 运行中期基质中全磷含量分布为上层最高,中、下两层基质中全磷含量无明显差别;运行结束后基质中全磷含量均升高,且上、下层基质中全磷含量略高于中层。CW-B 运行中期基质中全磷含量分布为下层＞上层＞中层,运行结束后分布为上层＞中层＞下层,相比运行中期,上、中两层基质中全磷含量明显升高,下层基质中全磷含量降低。

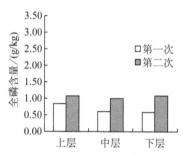

图 4.7　CW-A 全磷空间分布图

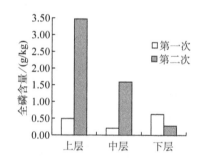

图 4.8　CW-B 全磷空间分布图

2. 速效磷

两个系统基质中速效磷空间分布如图 4.9、图 4.10 所示,系统运行中期进行第一次基质采样,运行结束后进行第二次基质采样,速效磷测定方法参照表 4.3。CW-A 运行中期基质中速效磷含量分布由高到低依次为下层、上层、中层,运行结束后基质中速效磷含量分布由高到低依次为中层、下层、上层;中层基质中速效磷含量升高,上、下两层基质中速效磷含量明显降低。CW-B 运行中期基质中速效磷含量分布为下层＞中层＞上层,运行结束后各层基质中速效磷含量相差不大,为中层含量略高;相比运行中期,上层基质中速效磷含量升高、而中、下两层基质中速效磷含量降低。

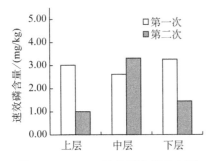

图 4.9　CW-A 速效磷空间分布图

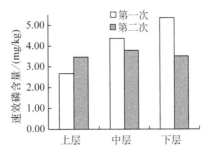

图 4.10　CW-B 速效磷空间分布图

4.3.3　人工湿地基质中有机物的分布

1. 有机质

两个系统基质中有机质空间分布如图 4.11、图 4.12 所示,系统运行中期进行第一次基质采样,运行结束后进行第二次基质采样,有机质测定方法参照表 4.3。CW-A 运行中期基质中有机质含量分布为上层>中层>下层,运行结束后基质中有机质含量分布为上层>中=下层;整体看来,上层基质中有机质含量显著高于中、下两层基质。CW-B 运行中期基质中有机质含量分布为上层>中层>下层,上层基质中有机质含量显著高于中、下两层基质;运行结束后基质中有机质含量分布为中层>上层>下层,相比运行中期,上层基质中有机质含量明显降低,中层基质中有机质含量显著升高,下层基质中有机质含量略微升高。

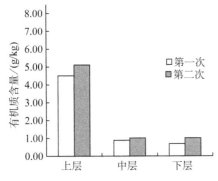

图 4.11　CW-A 有机质空间分布图

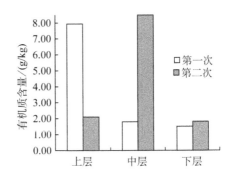

图 4.12　CW-B 有机质空间分布图

2. 腐殖质

两个系统基质中腐殖质空间分布如图 4.13、图 4.14 所示,系统运行中期进行第一次基质采样,运行结束后进行第二次基质采样,腐殖质测定方法参照表 4.3。CW-A 运行中期基质中腐殖质含量分布为上层＞中层＝下层,运行结束后基质中腐殖质含量分布为上层＞中层＞下层;相比运行中期,各层基质中腐殖质含量均有升高。CW-B运行中期基质中腐殖质含量分布为下层＝上层＞中层,运行结束后基质中腐殖质含量分布为中层＞上层＞下层;相比运行中期,中层基质中腐殖质含量显著升高。

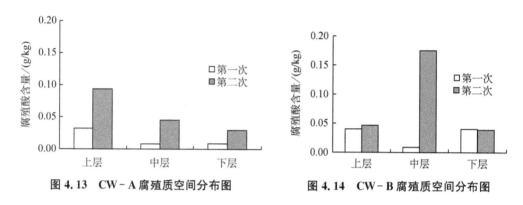

图 4.13　CW-A 腐殖质空间分布图　　　图 4.14　CW-B 腐殖质空间分布图

4.3.4　环境因素对基质中氮磷、有机物的影响

环境因素包含水中的 DO、pH、温度和氧化还原电位,环境因素与氮磷、有机物的相关性分析如表 4.4 所示。

表 4.4　环境因素与氮磷、有机物的相关性分析

因素	全磷	速效磷	有机质	腐殖质	氨氮	硝氮	亚硝氮
DO	0.357*	−0.626**	−0.326	−0.238	−0.341*	−0.322	−0.215
pH	−0.357*	0.626**	0.326	0.238	0.341*	0.322	0.215
温度	0.357*	−0.626**	−0.326	−0.238	−0.341*	−0.322	−0.215
电位	−0.357*	0.626**	0.326	0.238	0.341*	0.322	0.215

注:* 表示在 0.05 水平(双侧)上显著相关,** 表示在 0.01 水平(双侧)上显著相关。

如表 4.4 所示,基质中速效磷与环境因素之间均存在极显著相关($P<0.01$),基质中全磷、氨氮和环境因素之间存在显著相关($P<0.05$),有机质、腐殖质、硝氮和亚硝氮与环境因素之间不存在相关性。说明环境因素对基质中全磷、速效磷和氨氮有显著影响。

4.3.5　讨论

1. 人工湿地基质中氮的分布研究

综上所述,在垂直流人工湿地中,沿垂直方向上不同层次的硝氮、亚硝氮和氨氮的积累量是有明显差异的。整体看来,硝氮和亚硝氮含量随着基质深度的增加而降低,这与丁苏丽[3]在研究华侨城湿地总氮、总磷的垂直分布上时,得出的总氮的分布规律相一致。硝氮在中层(10~20 cm)、下层(20~30 cm)出现了负值情况,亚硝氮的含量在这两层也处于

偏低状态。这可能是因为系统运行到后期,基质出现堵塞情况,处于厌氧状态,微生物主要进行反硝化作用,将硝氮、亚硝氮转化为氮气排出系统。而氨氮含量恰恰相反,随着基质深度的增加,氨氮含量逐渐升高。可能是由于系统基质从上至下氧气含量逐渐降低,使得下层基质处于厌氧状态,而将氨氮转化为硝氮的硝化作用是好氧过程,缺氧环境下硝化细菌的分解速率下降[4],导致氨氮在深层基质中的积累。氨氮含量也远高于硝氮、亚硝氮含量,可能是因为基质主要为碎石、河沙等,带有负电荷对带正电荷的氨氮会有很好的吸附作用。三种氮的含量均表现在表层出现较大波动,刘文龙[5]等在胶州湾芦苇潮滩土壤氮磷分布的研究中也出现类似现象。李卫华[6]的研究中提到,由于湿地表层含氧量高、微生物活动频繁加之基质的截留沉淀作用,这可能是表层的硝氮、亚硝氮含量要高于底层的原因。添加人工合成基质的系统 CW-A 表层中,氨氮含量要低于未添加人工合成基质的系统 CW-B,这说明添加的人工合成基质可能对氨氮没有太大的吸附能力;通过对进出水水质的监测也发现,添加人工合成基质的 CW-A 对氨氮的去除效率并没有提高。

2. 人工湿地基质中磷的分布研究

在垂直流人工湿地中,沿垂直方向上不同层次的全磷、速效磷的分布规律也不同。CW-A 中全磷含量分布在系统运行中期随基质深度增加而降低,这种变化规律与孙广垠[7]研究原著湿地公园中磷的分布规律相同;到运行结束后分布规律为中层略低;速效磷的含量分布波动较大。CW-B 中全磷含量在系统运行中期中层偏低,这与许巧玲[8]的研究结果相一致;到系统运行结束后也是随着基质深度增加而降低;速效磷的含量分布在运行中期随基质深度增加而升高,到系统运行结束后分布规律不明显。系统运行结束后,基质中全磷含量都升高,表明了基质对磷起到了一定的截留吸附作用,CW-B 中上两层基质截留吸附作用最明显。

3. 人工湿地基质中有机物的分布研究

CW-A 中有机物的分布具有规律性,有机质和腐殖质都是随着基质深度的增加而降低;CW-B 中有机物分布规律不明显,两个系统中有机物在运行结束后中含量都有升高,尤其 CW-B 中层有机物含量明显增高。这表明基质对有机物有着一定的拦截吸附作用,表层在添加人工合成基质后,拦截吸附作用加强。土壤中有机质的分解矿化是氮磷受其作用的过程[9],土壤中有机质对氮磷的矿化和固持具有调控作用[10]。CW-A 中虽然有机质与腐殖质的分布规律与硝氮、亚硝氮、全磷的分布规律有些许差异,但总体上分布规律相一致;通过相关性分析结果表示,基质中硝氮、亚硝氮、全磷与有机质与之间存在着显著相关($P<0.05$),这说明有机质对硝氮、亚硝氮、全磷的分布状况具有显著影响,这·结果与之前的研究结果相类似[8]。

4.4　结论

(1)基质中硝氮、亚硝氮含量随基质深度的增加而降低,氨氮含量随基质深度的增加而升高;有机质与硝氮、亚硝氮、全磷呈显著相关性,证明有机质对硝氮、亚硝氮、全磷的分布状况具有显著影响。

（2）系统运行结束后,基质中全磷、有机质、腐殖质含量明显上升,基质对全磷、有机质、腐殖质具有一定的截留吸附效果。表层添加人工合成基质后,有机质、腐殖质含量随基质深度增加而降低,表明添加人工合成基质可以有效提升对有机质和腐殖质的截留吸附能力。在今后的湿地系统构建中,可以通过添加人工合成基质来提升湿地基质对污染物的截留吸附能力。

参考文献

［1］张甘霖,龚子同.土壤调查实验室分析方法[M].北京:科学出版社,2012.

［2］鲍士旦.土壤农化分析(第三版)[M].北京:中国农业出版社,2000.

［3］丁苏丽,韩锦辉.华侨城湿地土壤总氮、总磷的垂直分布研究[J].广州化工,2020,48(15):155-156.

［4］夏宏生,向欣.氮、磷在湿地基质中降解的机理研究[J].四川环境,2012,31(02):78-84.

［5］刘文龙,谢文霞,赵全升,等.胶州湾芦苇潮滩土壤碳、氮和磷分布及生态化学计量学特征[J].湿地科学,2014,12(03):362-368.

［6］李卫华.潮白河湿地沉积物营养盐空间分布特征及评价[J].北京水务,2016(02):20-24.

［7］孙广垠,刘勇,郑雨康,等.原著湿地公园底泥中氮、磷和有机质的分布规律[J].中国给水排水,2018,34(21):92-95.

［8］许巧玲,王小毛,崔理华,等.垂直流湿地基质中酶的分布与氮磷及有机质的关系[J].环境科学研究,2016,29(08):1213-1217.

［9］梁晨,殷书柏,刘吉平.三江平原碟形洼地-岛状林土壤氮磷空间分布及生态化学计量特征[J].生态学报,2019,39(20):7679-7685.

［10］刘吉平,杜保佳,盛连喜,等.三江平原沼泽湿地格局变化及影响因素分析[J].水科学进展,2017,28(01):22-31.

第5章 垂直流人工湿地脱氮除磷与酶活性的关系

5.1 引言

为了解垂直流人工湿地对污水脱氮除磷效果及其与湿地中基质酶活性的关系,本书采用垂直流人工湿地系统进行为期4个月的运行试验,监测系统对氮、磷的去除效果以及基质中磷酸酶、脲酶、过氧化氢酶、脱氢酶的变化情况。结果表明:垂直流人工湿地对氮的去除效果表现为硝氮>总氮>氨氮,对磷的去除主要是湿地系统中基质的吸附与截留作用。通过对基质酶活性的监测发现,4种基质酶主要分布于上层基质中,基质酶活性与人工湿地中污染物的去除均存在显著相关性,基质酶活性可作为评判其净水能力的指标。

5.2 材料与方法

5.2.1 湿地系统的构建

垂直流人工湿地的构建同第3章3.2.1的"1.试验装置"。

5.2.2 人工湿地进水水质

试验进水水质浓度范围同第3章3.2.1的"2.试验进水水质"。

5.2.3 运行管理与样品采集

系统于2020年9月13日开始运行,2021年1月24日结束,采用连续进水方式,进水量为51 L/d,运行时间为3 h/d,每周分别在系统进水口和出水口采集水样进行水质指标测定;在系统运行中期和结束时分别在两个系统中选取三个采样点并分层采集基质,包括上层(0~10 cm)、中层(10~20 cm)、下层(20~30 cm)。其中,取一部分样品于4 ℃保存,用来进行酶活性、硝氮、亚硝氮及氨氮的测定;另一部分样品自然风干后用来测定基质中有机质、有效磷、总磷的含量。

5.2.4 实验试剂及仪器

1. 试验试剂

本试验主要实验试剂见表5.1

表 5.1 试验试剂

编号	试验试剂	纯度
1	磷酸二氢钾	分析纯
2	硫酸铵	分析纯
3	硝酸钾	分析纯
4	四水合钼酸铵	分析纯
5	酒石酸锑氧钾	分析纯
6	抗坏血酸	分析纯
7	过硫酸钾	优级纯
8	氢氧化钠	分析纯
9	盐酸	分析纯
10	磷酸	分析纯
11	苯酚	分析纯
12	氨水	分析纯
13	硫酸	分析纯
14	水杨酸	分析纯
15	氯化铵	优级纯
16	氯化锌	分析纯
17	次氯酸钠	分析纯
18	磷酸	分析纯
19	N-(1-萘基)-乙二胺	分析纯
20	亚硝酸钠	分析纯
21	磷酸苯二钠	分析纯
22	甲苯	分析纯
23	硼砂	分析纯
24	尿素	分析纯
25	柠檬酸	分析纯
26	氢氧化钾	分析纯

续表

编号	试验试剂	纯度
27	30％过氧化氢	分析纯
28	高锰酸钾	分析纯
29	草酸钠	优级纯
30	红四氮唑	分析纯
31	三羟基氨基甲烷	分析纯
32	低亚硫酸钠	分析纯
33	丙酮	分析纯

2. 试验仪器

本试验主要实验仪器同第 4 章 4.2.3 中的"2. 实验仪器"。

5.2.5　指标分析方法

本试验指标分析方法见表 5.2。

表 5.2　指标分析方法

编号	测定指标	分析方法
1	TP	钼锑抗分光光度法[1]
2	TN	过硫酸钾 紫外分光光度法[1]
3	硝氮($NO_3 - N$)	酚二磺酸光度法[1]
4	亚硝氮($NO_2 - N$)	N-(1-萘基)-乙二胺光度法[1]
5	氨氮($NH_4^+ - N$)	水杨酸-次氯酸盐光度法[1]
6	磷酸酶	磷酸苯二钠比色法[2]
7	脲酶	比色法[2]
8	过氧化氢酶	滴定法[2]
9	脱氢酶	比色法[2]

5.3　结果分析

5.3.1　人工湿地对氮的去除

两系统对氮的平均去除率见表 5.3,由表 5.3 可得,两个系统中对 TN 的去除 CW - A 较好,而对 $NO_3^- - N$ 和 $NH_4^+ - N$ 则是 CW - B 较好。

71

表5.3 不同形态氮的去除率

系统	TN/%	$NO_3^- - N$/%	$NH_4^+ - N$/%
CW - A	23.46±0.80[a]	86.54±1.19[a]	19.15±0.90[a]
CW - B	20.69±0.71[a]	66.34±2.56[b]	22.87±1.50[a]

注:表中数字均为平均值±标准错误,同列数据后的不同小写字母表示在 $P<0.05$ 水平差异有统计学意义(邓肯多重比较)。

1. 人工湿地对总氮的去除

垂直流人工湿地系统 TN 去除率变化如图5.1所示。由图可知,与 CW - B 对 TN 的去除率分别在 15.01%～37.94% 和 11.77%～35.7% 之间波动,平均去除率分别为 23.46%,20.69%,CW - A 在运行前期对 TN 的去除率随运行时间逐渐降低,中、后期变化较平稳;在系统运行第2周后无明显变化规律,处于较稳定阶段。

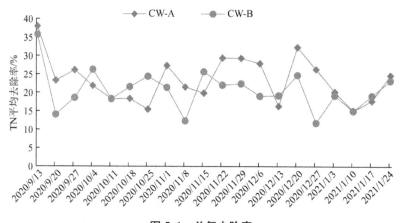

图5.1 总氮去除率

2. 人工湿地对硝氮的去除

垂直流人工湿地系统硝氮去除率如图5.2所示,CW - A 中硝氮去除率高于 CW - B。CW - A 在 2020 年 11 月 15 日硝氮去除率达到最高值 98.63%,2020 年 10 月 11 日硝氮去除率为 65.04%,此时去除率最低,CW - A 的硝氮去除率前期波动较大,之后逐渐趋于平稳;CW - B 对硝氮的去除率在 2020 年 9 月 20 日监测水质指标时达到最高,其去除率为 98.61%,2020 年 9 月 27 日去除率达到最低,为 36.67%。

3. 人工湿地对氨氮的去除

垂直流人工湿地系统氨氮去除率如图5.3所示,CW - B 对氨氮的去除可分为前、中、后期三个阶段,根据两系统的平均去除率来看,CW - B(22.87%)略高于 CW - A(19.15%),两个系统运行前 4 周对氨氮的去除呈现降低—升高—降低的趋势,在之后的第 4 周至第 17 周则处于平稳状态,对氨氮的去除效果波动不大,在运行后期对氨氮的去除呈现先升高后降低的趋势。

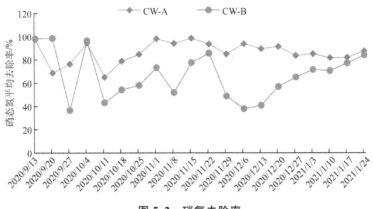

图 5.2　硝氮去除率

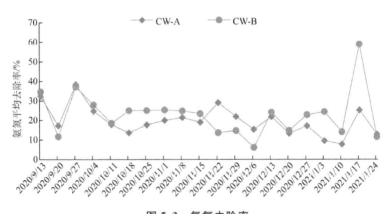

图 5.3　氨氮去除率

4. 人工湿地对亚硝氮浓度的影响

垂直流人工湿地系统 CW‐A 和 CW‐B 中,亚硝氮的变化如图 5.4 所示,两系统中亚硝氮进水浓度无明显差别。其中,CW‐B 出水亚硝氮出水浓度大部分高于 CW‐A,浓度最高时可达到 0.491 mg/L,最低为 0.021 mg/L,而 CW‐A 中亚硝氮出水浓度最高达到 0.400 mg/L,最低为 0.013 mg/L。

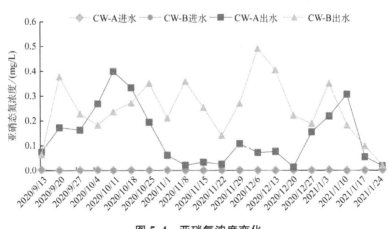

图 5.4　亚硝氮浓度变化

5.3.2　人工湿地对磷去除

垂直流人工湿地系统 CW-A、CW-B 对磷的去除如图 5.5 所示,在系统运行期间均呈下降趋势,且两系统之间去除率相差不大,在 2020 年 10 月 18 日前去除率下降明显,之后则比较稳定;CW-B 在系统运行最后一周去除率出现负值,去除率为−9.87%。

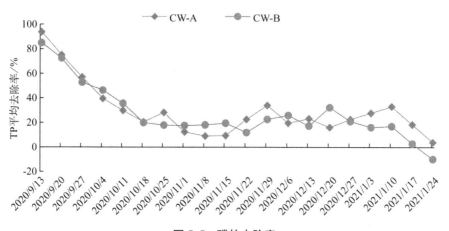

图 5.5　磷的去除率

5.3.3　人工湿地基质酶活性研究

1. 人工湿地磷酸酶活性研究

图 5.6 为垂直流人工湿地系统两次采集的基质样品中磷酸酶活性空间分布情况,由图可知,第一次采集的基质样品中,CW-A 和 CW-B 中基质磷酸酶活性大小均表现为上层>下层>中层。两系统上层、中层、下层基质中磷酸酶含量均存在极显著差异($P<0.01$),从图中可看出,CW-A 中磷酸酶活性均远低于 CW-B;第二次采集的样品中,两系统基质中磷酸酶活性大小表现为上层>中层>下层,上层基质磷酸酶活性同样存在极显著差异($P<0.01$),而中层和下层则无显著差异($P>0.05$)。

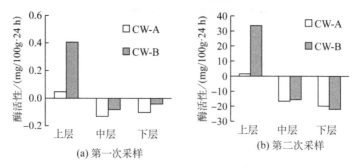

(a) 第一次采样　　　(b) 第二次采样

图 5.6　磷酸酶活性分布变化

2. 人工湿地脲酶活性研究

图 5.7 为人工湿地系统两次采集的基质样品中脲酶活性空间分布情况,由图可知,第一次采样时,CW-A 上层基质中脲酶活性极显著高于中层和下层($P<0.01$),CW-B 中基质脲酶活性从上到下逐渐降低,两系统上层和下层中基质脲酶活性均存在极显著差异($P<0.01$),而中层基质中脲酶活性无显著差异($P>0.05$);第二次采集的基质样品中,两系统基质中脲酶活性大小为上层>下层>中层,其中,上层与中层基质脲酶活性存在极显著差异($P<0.01$),且上层基质酶活性显著高于下层($P<0.05$)。

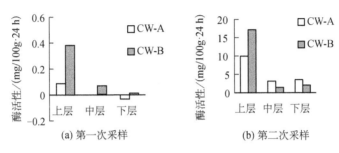

图 5.7　脲酶活性分布变化

3. 人工湿地过氧化氢酶活性研究

图 5.8 为垂直流人工湿地系统两次采集的基质样品中过氧化氢酶活性空间分布情况,由图可知,第一次采集的基质样品中,CW-A 各层基质中过氧化氢酶均高于 CW-B,且上层和下层酶活性相同,中层基质中酶活性最低,而 CW-B 中基质过氧化氢酶活性大小则表现为从上到下逐渐降低,两系统上层基质中过氧化氢酶活性无显著差异($P>0.05$),下层中基质过氧化氢酶活性存在极显著差异($P<0.01$);第二次采集的基质样品中,CW-A 上、中、下层中基质过氧化氢酶均低于 CW-B,表现为上层>下层>中层,而 CW-B 中基质过氧化氢酶则大小表现与第一次相同,两系统上层和下层基质中过氧化氢酶活性无显著差异($P>0.05$),仅中层存在极显著差异($P<0.01$)。

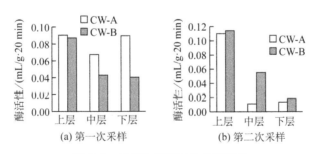

图 5.8　过氧化氢酶活性分布变化

4. 人工湿地脱氢酶活性研究

图 5.9 为垂直流人工湿地系统两次采集的基质样品中脱氢酶活性空间分布情况,由

图可知,第一次采集的基质样品中,CW-A上层和中层中基质脱氢酶活性高于CW-B,下层中基质脱氢酶则低于CW-B,基质中脱氢酶活性大小顺序依次表现为上层>中层>下层,而CW-B中基质脱氢酶活性大小则表现为下层<上层<中层。两系统中上层基质脱氢酶活性存在极显著差异($P<0.01$),中层存在显著差异($P<0.05$),下层则无显著差异($P>0.05$)。第二次采集的基质样品中,CW-A中上层基质脱氢酶活性高于CW-B,下层则低于CW-B,且两系统中基质脱氢酶活性大小表现为上层>中层>下层。按顺序在CW-A和CW-B中,系统上层基质脱氢酶活性存在极显著差异($P<0.01$),而中层和下层则无显著差异($P>0.05$)。

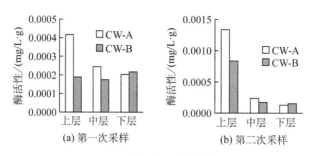

图5.9 脱氢酶活性分布变化

5.3.4 人工湿地脱氮除磷与基质酶活性的关系

根据SPSS26.0分析得出垂直流人工湿地中基质酶活性与污染物去除的相关性见表5.4。过氧化氢酶活性与总氮、硝氮、总磷的去除呈极显著负相关($P<0.01$),与氨氮的去除率、亚硝氮浓度呈极显著正相关($P<0.01$),即过氧化氢酶活性越高,湿地对总氮、硝氮和总磷的去除率越低,对氨氮的去除率越高;磷酸酶活性与污染物的去除之间存在的相关性与过氧化氢酶相同;脲酶活性与总氮、硝氮、总磷的去除之间呈显著负相关($P<0.05$),与氨氮的去除和亚硝氮浓度呈显著正相关($P<0.01$);脱氢酶活性与总氮、硝氮和总磷的去除呈显著正相关($P<0.05$),与氨氮的去除以及亚硝氮的浓度呈显著负相关($P<0.05$)。

表5.4 湿地中基质酶活性与污染物去除率相关系数

项目	总氮去除率	氨氮去除率	亚硝氮浓度	硝氮去除率	总磷去除率
过氧化氢酶	-0.991**	0.967**	0.891**	-0.994**	-0.923**
磷酸酶	-0.991**	0.989**	0.899**	-0.993**	-0.975**
脲酶	-0.843*	0.856*	0.823*	-0.719*	-0.843*
脱氢酶	0.873*	-0.878*	-0.753*	0.773*	0.873*

注:*表示在0.05水平(双侧)上显著相关;**表示在0.01水平(双侧)上极显著相关。

5.4　讨论

本试验中,系统 CW-A 与 CW-B 脱氮效果主要表现为硝氮＞总氮＞氨氮。垂直流人工湿地系统 CW-A 对硝氮的去除率最高可达到 98.63%,在系统运行前 4 周波动较大,之后逐渐平稳,这可能是由于前期系统刚开始运行,系统内微生物未达到平衡,系统前期对硝氮的去除主要是基质的作用,系统中基质未达到饱和,对硝氮有一定吸附作用,这与韩群[3]的研究结果相似。而系统中后期对硝氮的去除比较平稳,且去除率仍较高,这是由于系统对氮的去除主要依靠基质间微生物硝化与反硝化作用[4],系统运行至中后期已处于较稳定状态,有适宜微生物生存的环境。硝态氮作为反硝化的反应物[4],可通过反硝化作用将硝态氮还原为氮气释放到大气中,从而去除水中硝态氮。垂直流人工湿地系统 CW-B 对硝态氮的去除前期与 CW-A 的结果相似,但在 2020 年 11 月 22 日至 2020 年出现急剧下降,这可能是由于基质填料不同,CW-B 比 CW-A 提前达到饱和并释放出一定硝态氮,也可能是由于氨氮经硝化作用转化为硝氮,使硝氮含量升高[4]。结合 5.3.2 中图 5.5 来看,CW-A 与 CW-B 对磷的去除变化趋势均表现为逐渐降低,保持稳定一段时间后持续降低,人工湿地对磷的去除主要是湿地基质的吸附和沉淀作用[5]。系统运行初期,CW-A 与 CW-B 对 TP 的去除率分别达到 93.72% 和 84.92%,这说明系统刚开始运行,系统基质吸附位点未饱和,可大量吸附污水中的磷酸盐,而随着运行时间的推移,基质对磷酸盐的吸附量逐渐增加[6],在系统运行中期时部分基质已达到饱和,到系统运行中期,湿地基质已达到几乎完全饱和的状态,导致系统对磷的去除效果逐渐下降。

CW-A 和 CW-B 中磷酸酶、脲酶、过氧化氢酶、脱氢酶均表现出相同的分布规律,4 种酶都主要集中在系统上层,这与许巧玲等人[7]的研究一致,说明湿地中微生物对污染物的去除主要集中在湿地系统基质上层。通过 SPSS26.0 对实验数据进行分析可知,湿地系统基质磷酸酶、脲酶、过氧化氢酶、脱氢酶与湿地总氮去除率、硝氮去除率、亚硝氮浓度、氨氮去除率及总磷去除率之间都有显著相关性,这与吴俊泽、岳春雷等人[8,9]的研究结果一致。这说明垂直流人工湿地中这 4 种基质酶酶活性可作为评判湿地净化能力的指标。

5.5　结论

本试验以人工合成模拟污水为供试污水,以垂直流人工湿地为研究对象,研究其对污水的净化能力。通过对进、出水水质和基质中酶活性变化进行监测,分析垂直流人工湿地脱氮除磷效果与基质间酶活性的关系。主要结论如下:

（1）CW-A 与 CW-B 对污水中硝氮的去除效果最好,且 CW-A 比 CW-B 去除效果好,证明 CW-A 中人工合成基质对氮的去除有一定的促进作用;两系统对污水中磷的去除能力随系统运行时间逐渐下降,证明基质对磷的吸附起主导作用。

（2）垂直流人工湿地基质中磷酸酶、脲酶、过氧化氢酶、脱氢酶活性与湿地对污染物的去除都有显著相关性,湿地基质中 4 种酶活性可作为评判其净化污水能力的指标。

参考文献

［1］国家环境保护总局,水和废水监测分析方法编委会.水和废水监测分析方法(第四版)[G].中国环境科学出版社,2002.

［2］关松荫.土壤酶及其研究方法[M].北京:农业出版社,1986.

［3］韩群.新型潜流人工湿地处理农村生活污水灌溉尾水的研究[D].南京:东南大学,2018.

［4］商迎迎.不同植物人工湿地脱氮效果及微生物多样性研究[D].泰安:山东农业大学,2017.

［5］张军,周琪,何蓉.表面流人工湿地中氮磷的去除机理[J].生态环境,2004(01):98-101.

［6］汪文飞.不同填料类型在折流人工湿地系统脱氮除磷效应的影响研究[D].兰州:兰州交通大学,2020.

［7］许巧玲,王小毛,崔理华,等.垂直流湿地基质中酶的分布与氮磷及有机质的关系[J].环境科学研究,2016,29(08):1213-1217.

［8］吴俊泽,王艳艳,李悦悦,等.海水人工湿地系统脱氮效果与基质酶活性的相关性[J].海洋科学,2019,43(05):36-44.

［9］岳春雷,常杰,葛滢,等.复合垂直流人工湿地基质酶活性及其与水质净化效果之间的相关性:湖泊保护与生态文明建设[C].第四届中国湖泊论坛,中国安徽合肥,2014.

第6章 湿地植物对人工湿地中污染物去除及空间分布的影响研究

6.1 引言

人工湿地是 20 世纪 70 年代发展起来的一种新技术,主要是通过基质-植物-微生物三者的协同作用去除污水中的污染物。其中,湿地植物作为除污重要参与者,研究其存在对氮、磷去除影响有实际意义。本书主要通过构建 3 个垂直流人工湿地系统,其中,系统 1 种植皇竹草,系统 2 种植象草,系统 3 不种植物,以模拟的生活污水作为系统进水。通过对三套垂直流人工湿地系统中植物的生长状况、生活污水净化效果、基质污染物的空间分布、基质酶活性空间分布研究,探寻运行模式较好、净化效果较佳的垂直流人工湿地系统;探究了基质-酶-植物在垂直流人工湿地中的作用,更进一步分析了植物、基质酶活性与基质污染物的相关性,探寻湿地植物参与下湿地的净化机理,为将来人工湿地处理生活污水提供理论依据和实践经验。

6.2 材料与方法

6.2.1 仪器设备与器皿

1. 仪器设备

本章节所用的主要仪器设备见表 6.1。

表 6.1 主要仪器设备

仪器设备名称	型号	产地和生产厂家
紫外/可见分光光度计	UV-754	上海精密仪器厂
电热鼓风恒温干燥箱	101-3AS	上海迅能电热设备有限公司
电热恒温水浴锅	HW.SY11-K4C	哈尔滨东联电子开发公司
消化炉	HYO-340	上海纤检仪器有限公司

仪器设备名称	型号	产地和生产厂家
电热板	SB-Z4	上海崇明实验仪器厂
精密 pH 计	PH3-3C	上海雷磁仪器厂
恒温振荡器	THZ-4	江苏太仓市实验设备厂
水浴振荡器	HZS-H	哈尔滨东联电子开发公司
高压灭菌器	HICI-VE™	日本 HIRAYAMA 公司
凯氏定氮仪	KDN-103F	上海纤检仪器有限公司
超声波清洗机	SK5200H	上海科导超声仪器公司
恒温培养箱	LRH-250	上海齐欣科学仪器有限公司
电子分析天平	AB104-N 型	梅特勒-托利多仪器(上海)有限公司
玛瑙高速粉碎机	RM100	广州正一科技有限公司

2. 器皿准备

所有使用的玻璃器皿及塑料容器均用稀硝酸浸泡数日,用自来水冲洗干净后再用去离子水清洗,试剂分情况选择分析纯级和优级纯级。

6.2.2 系统结构

1. 垂直流人工湿地系统结构

垂直流人工湿地系统结构部面图如图 6.1 所示。

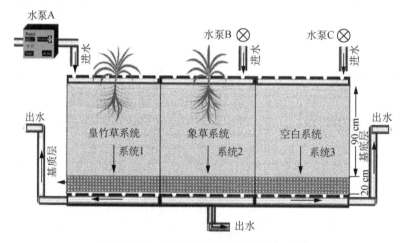

图 6.1 垂直流人工湿地系统结构剖面图

注:系统 1 为皇竹草系统,系统 2 为象草,系统 3 为空白系统。

2. 实验系统的设计

垂直流人工湿地系统设计的尺寸为长×宽×高为 2∶1∶1.2,基质填料(由下往上)为

20 cm 碎石,90 cm 河沙,10 cm 布水。实验布水采用王字布水管进行均匀布水,出水高度为 75 cm。本书有三套垂直流人工湿地,其中系统 1 种植皇竹草,系统 2 种植象草,系统 3 为空白对照。植物种植密度为 10 株/m²。

3. 基质的填充

本试验中垂直流人工湿地系统填充的主要基质为河沙,河沙由于粒径小且分布均匀对颗粒性污染物有较好的截留作用,它作为传统基质广泛使用在人工湿地湿地系统中。

4. 植物的种植

皇竹草又名杂交狼尾草,它是多年生三倍体禾本科植物,是一种常见的挺水草本植物。其根系是发达的须根系,可以在较短的时间内形成须根网络,其根系的 84.96% 主要集中分布在 0~30 cm 土壤层内,根系密度达 48.6 条/100 cm²,生长迅速,皇竹草草质鲜嫩,营养成分含量高,粗蛋白含量为 10%~15%,具有较好的后续利用价值。皇竹草对雨水的阻截能力和吸附能力较强,体现出较强的抗旱能力,且在酸性或微碱性土壤中均能正常生长,对生存环境要求低,可见其在不同生存环境下都具有较强的适应性。

象草别称紫狼尾草,禾本科狼尾草属,多年生草本植物。植株高大,株高 2~3 cm,高度可达 5 m,根系发达,具有强大伸展的须根,多分布于 40 cm 的土层中,深者可达 4 m,分蘖繁殖或播种繁殖。喜温暖湿润气候,但其适应性强,耐短期轻霜、耐旱能力强。花期短,在秋、冬季抽穗开花,土壤要求不严,沙土、黏土和微酸性土壤均能生长。因其分蘖多、使用年限长,是我国人工草场的优质牧草。此外,象草作为一种能源植物,能够替代煤炭石油发电,种植 1 公顷的象草燃料产生的能量可替代 36 桶石油,每公顷至少能收获 60 t 象草。

6.2.3　供试污水及运行管理

1. 供试水质及测定

供试污水是投加尿素、磷酸二氢钾、硫酸铵、可溶性淀粉、硫酸镁、碳酸氢钠和淀粉等至自来水中配制成中等浓度的人工合成污水,其中药品等级为化学分析纯。人工合成污水水质状况如表 6.2 所示。

表6.2　人工合成污水水质状况　　　　单位:mg/L

指标	TN	TP
浓度范围	32.84~40.70	3.91~4.90
平均值	37.02	4.67
标准误	1.11	0.11

2. 基质取样与测定

基质采样方法:按系统高度分成 30 cm,60 cm,90 cm 三层,在每一层床体前中后选取 6 个点,去除植物残体,按四分法采集所需要的分量。将取回的新鲜样品保存在 4 ℃冰箱中,另外一部分用于风干保存测定。人工湿地基质背景值如表 6.3 所示。

表6.3　人工湿地基质背景值

基质背景值		表层(0～30 cm)	中层(30～60 cm)	下层(60～90 cm)
系统1	pH	7.04	7.44	7.42
	TN	1.58	0.49	0.46
	TP	3.64	2.72	3.10
	有机质	27.71	8.79	8.24
系统2	pH	6.99	7.39	7.78
	TN	1.23	0.39	0.42
	TP	4.12	2.37	2.38
	有机质	22.32	7.90	7.56
系统3	pH	7.05	7.43	7.68
	TN	1.04	0.43	0.41
	TP	2.48	2.36	2.51
	有机质	17.31	8.50	7.20

注：表中数据均为平均值，TN,TP,有机质的单位均为 g/kg。

3. 系统运行管理

所有垂直流人工湿地系统均进行间歇运行，两天配一次水，每次进水时间是 8 h,运行周期是 48 h,水力负荷为 20 cm/d。本试验所用人工湿地系统已经是稳定运行的系统，试验共运行了三个月，每两周进行一次水样监测。

植物对湿地的环境有适应的过程，对长势差和死亡的植物及时调整和补栽，及时对地上部分的枯枝落叶进行清理，并适时地对植物进行收割。

6.2.4　分析与计算方法

1. 水质分析方法

本试验的水质指标均采用国家环保局编制的《水和废水监测分析方法》(第四版)[1]。

总氮(TN)——碱性过硫酸钾消解紫外分光光度法；

总磷(TP)——过硫酸钾消解钼蓝比色法。

2. 基质样品分析方法

将基质于室内风干，去除杂质，并粗磨过 20 目尼龙筛，另用四分法取出一部分样品，用玛瑙研钵手工研磨，过 100 目尼龙筛，包装登记放于塑料封口袋保存，备测理化指标。样品理化性质的常规分析项目及测定方法主要参照《土壤农化分析》[2]，特别注明的是土壤氨氮和硝氮均使用新鲜的土来测定，具体见如下：

土壤含水率——干燥称重法；

土壤 pH——采用 pH 计电位法；

土壤孔隙度——测量所取基质样烘干后的体积、重量,根据公式计算:

$$孔隙度(\%)=(1-容重/比重)\times100$$

土壤有机质——外加热法;

土壤全氮——半微量开式法;

土壤全磷——$HClO_4$—H_2SO_4 消煮法;

土壤硝氮——酚二磺酸比色法。

土壤氨氮——KCl 浸提—靛酚蓝比色法。

3. 基质酶分析方法

在垂直流人工湿地中去除地上植物后用圆柱状采样器采集湿地 0~30 cm,30~60 cm 及 60~90 cm 层的土样,带回实验室,利用四分法将每层土样混合均匀,一部分鲜土装入保鲜袋冷藏,用于土壤含水率、氨氮、硝氮、孔隙度及基质酶的测定,剩下的部分在室内进行风干用于基质中常规指标的测定。

基质酶的测定参照关松荫所编《土壤酶及其研究方法》[3],各种酶测定方法具体如下:

脲酶——苯酚钠—次氯酸钠比色法;

磷酸酶——磷酸苯二钠比色法;

过氧化氢酶——高锰酸钾滴定法;

转化酶——硫代硫酸钠滴定法;

纤维素酶——3.5-二硝基水杨酸比色法。

4. 植物样品分析方法

根据植物生长状况和运行阶段收割部分植物,并对植物的全氮、全磷及有机质进行测定。

全氮:H_2SO_4—H_2O_2 消煮法。

全磷:$HClO_4$—H_2SO_4 消煮法。

有机质:外加热法。

6.2.5　统计方法

用 Excel2007,SPSS26.0 软件对数据进行差异分析、相关性分析、平均值及标准误的计算。

6.3　结果与分析

6.3.1　垂直流人工湿地对污染物净化效果的结果与分析

1. 垂直流人工湿地对 TN 的净化效果与分析

人工湿地对污染物的净化效果一直受到国内外的广泛关注,有大量关于人工湿地对污染物的净化效果的文献报道。人工湿地对氮的去除受到多种因素的影响和制约,因而人工湿地对氮的去除率波动范围很大。人工湿地对污水中的总氮去除率比较低,通常只有 50% 左右。

污水中氮有四种存在形式,分别为有机氮、铵态氮、硝态氮及亚硝态氮,四者合称为总氮。其中有机氮与氨氮是生活污水中氮的主要存在形式,人工湿地对有机氮和氨氮的去除主要通过微生物的氨化作用和硝化作用。人工湿地对氮的去除的主要途径包括植物吸收、微生物的硝化反硝化、氮的挥发、氨化作用以及基质的吸附和离子交换等[4]。湿地植物对有机氮无法直接吸收,通常植物直接利用无机氮(铵态氮和硝态氮)来合成细胞生命所需的物质,然后通过定期收割植物从而去除污水中的部分氮。国内外关于植物在人工湿地中对氮的去除贡献大小进行了广泛的研究。Tanner 认为植物对氮的去除只占潜流湿地系统的很小一部分[5]。还有文献指出,人工湿地对生活污水中总氮的去除率相比于不种植物提高了 17%[6]。人工湿地中植物对 TN 去除率贡献很小,主要原因是氮在植物体内发生周期性的释放,同时植物枯死之后落叶释放出氮,导致了污水中的总氮浓度升高。人工湿地对氮的去除主要通过微生物的硝化反硝化作用完成。有文献指出,人工湿地中硝化反硝化作用对氮的去除占总去除的 60%~86%。由于植物根际释放出氧,使其周围形成好氧-缺氧-厌氧的环境,因而更有利于人工湿地对总氮的去除。也有研究认为氮的去除是植物吸收和填料吸附截留占 13%,硝化反硝化作用占 87%,主要通过提供有机碳和创造厌氧条件来进行脱氮。

图 6.2 为三套系统运行期间总氮出水浓度变化。其中系统 1 是植皇竹草,系统 2 种植象草,系统 3 不种植物。三套系统运行期间进水总氮范围为 32.84~40.70 mg/L,平均浓度为 37.02 mg/L。系统 1、系统 2、系统 3 的总氮出水浓度分别为 6.50~25.30 mg/L,4.60~18.90 mg/L,7.00~31.70 mg/L,平均 TN 出水浓度分别为 15.46 mg/L,10.55 mg/L,17.96 mg/L,TN 去除率分别为 37.75~80.11%,53.67~87.15%,24.06~78.78%,平均去除率为 58.98%,72.33%,52.68%。三套系统对 TN 的去除效果差异及显著($P < 0.01$),相比较系统 1 和系统 3 而言,系统 2 对总氮的去除效果最好,同时系统 1 的去除效果又比系统 3 的去除效果好。由于系统种植植物时间较长,植物对总氮的贡献作用很明显地显示出来。植物对污水中的总氮去除途径主要通过植物直接吸收来完成的。皇竹草和象草都是根系植物,须根由地下茎节生长。由于根系具有释放出氧的能力,因而在植物周围形成厌氧-缺氧-好氧的环境,更加有利于氮的硝化/反硝化反应的进行。所以种植植物的湿地系统对氮的去除效果要比没有种植植物的湿地系统好。象草对 TN 的净化效果明显优于皇竹草,这可能是由于象草再生力较强,生长速度快,根系非常发达,去污效果更明显[7]。许多研究也表明,不同植物对污染物的净化效果是有很大的差异[8]。三套系统人工湿地对总氮的去除规律一致,试验后期的去除效果略低于试验初期的去除效果,因而人工湿地的去污能力随着运行时间的延长而逐渐减弱。从图中可以看出,总氮的去除效果在 12 月 14 号达到最大值,之后去污效果逐渐减小,2 号系统表现出很明显的

这种趋势,这主要是因为植物对 TN 的去除有一定的作用,随着植物的生长,其去污能力也逐渐增强,当植物生长停止时,随着植物的枯枝落叶落入人工湿地中,释放出氮增加了污水中氮的浓度,12 月 28 号通过收割植物,其去污能力又逐渐开始好转。曾梦兆等[9]人研究了植物收割对人工湿地基质中总氮去除率的影响,结果显示,植物收割后 TN 去除率开始增高,与本书得到试验结果一致。

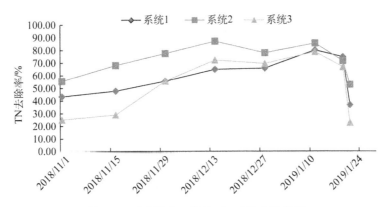

图 6.2　垂直流人工湿地对 TN 的去除效果

2. 垂直流人工湿地对 TP 的净化效果与分析

人工湿地利用基质、微生物、植物组合的生态系统的物理、化学及生物的三者协同作用,通过过滤、吸附、沉淀、离子交换、微生物的分解和植物的吸收作用来去除污水中的磷[10]。有许多研究表明,基质的物理化学作用发挥了最主要的作用[11]。现有的研究还指出,人工湿地基质、微生物及植物三者共同去除污水中的磷的机理是不一样的。其中,植物吸收废水中的无机磷供自身生长,不同植物对磷的去除能力是不同的,然后通过收割植物可以去除一小部分的磷。微生物对磷的去除包括通过同化作用将有机磷转化成无机磷和过量积累。目前人工湿地所采用的基质主要是砂、土壤、砾石等,基质通过过滤、吸附、沉淀、离子交换等形式将污水中的磷去除。有研究表明,选择含丰富的 Ca,Al 或 Fe 的介质做湿地中的基质可以强化基质对污水的去除效果。有研究表明,通过研究高炉渣、石英砂和煤灰渣这三种基质对总磷的处理效果,结果发现高炉渣处理效果最好,对 TP 的去除率达到 83%～90%;煤灰渣次之,对 TP 的去除率达到 70%～85%;而石英砂最差,对 TP 的去除率只有 40%～55%[12]。

从图 6.3 可知,三套垂直流人工湿地系统运行期间 TP 的出水浓度变化情况。三套系统运行期间进水 TP 浓度范围是 3.91～4.90 mg/L,平均浓度为 4.67 mg/L。系统 1、系统 2、系统 3 的总磷出水浓度分别为 0.65～1.89 mg/L,1.04～2.16 mg/L,0.12～2.15 mg/L,平均 TP 出水浓度分别为 1.02 mg/L,1.54 mg/L,1.20 mg/L,TP 去除率分别为 61.69～84.89%,54.47～78.13%,53.99～97.42%,平均去除率为 78.54%,66.95%,74.24%。系统 1 对 TP 的去除效果与系统 2 存在极显著差异($P=0<0.01$),系

统 2 与系统 3 也存在显著差异($P=0.033<0.05$),而系统 1 与系统 3 没有显著差异($P=0.185>0.05$)。由图可以看出,垂直流人工湿地系统对 TP 的去除率随时间变化波动很大,随着系统运行时间的延长去除率呈下降趋势。系统 3 由于没有种植植物,系统对 P 的去除主要通过基质吸附,初期系统对 TP 具有很强的吸附能力,随着运行时间的延长,吸附逐渐达到饱和,污水中磷的浓度逐渐回升。后期基质膜生长成熟,微生物对磷开始发生同化作用和吸收磷,因而污水中磷的浓度逐渐降低。系统在运行前期,种植植物的湿地系统对 TP 的去除效果明显低于空白对照,猜测可能是因为系统运行初期基质对 P 的去除占主导作用,植物根际发达占据了基质中的空隙,污水中的磷很少能附着在基质的表面。由分析可知,皇竹草和象草对 TP 的去除存在极显著性差异($P=0<0.01$),说明皇竹草对 TP 的去除效果明显优于象草,这与去除氮刚好相反。随着运行时间的增加,植物生长成熟,植物的枯枝落叶落入湿地中释放出磷,因而也增加了污水中的磷的含量。12 月 28 号通过植物收割,象草对污水中 P 的去除逐渐增加。12 月 14 号之后,种植植物的湿地系统对 TP 的去除效果明显优于空白对照,说明植物对 P 的去除有一定的作用,通过试验也说明植物是人工湿地中不可缺少的一部分。有研究表明,不同植物对污染物的净化效果是不一样的。张雪琪等[7]人研究了不同植物人工湿地对生活污水净化效果试验研究,将象草和美人蕉应用于表面流人工湿地处理系统,探讨了系统在不同温度下对生活污水中的总磷净化效果,结果显示,象草和美人蕉人工湿地系统净化生活污水的效果良好,TP 的去除率可以达到 80% 以上。孙光等[13]人通过栽种芦苇、香蒲、菖蒲 3 种植物的潜流湿地系统对污水净化效果的研究,试验结果表明,在最佳运行条件下,TP 的去除率可以达到 65% 以上,同时三种植物的净化效果存在差异。

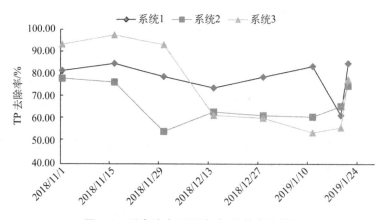

图 6.3 垂直流人工湿地对 TP 的去除效果

3. 垂直流人工湿地对 COD 的净化效果与分析

3 个系统 COD 去除率的变化见图 6.4,图中可以看出 3 个系统的 COD 去除率都比较高,在实验结束时去除率都高达 90% 以上,化学需氧量在该实验中的高去除效率可能归因于系统中微生物较活跃利于机化物的分解,且三个系统去除率之间没有出现差异性,但平均去除率大小呈现种植植物系统大于没种植物的系统,究其原因,C 系统出现堵塞后,影响了湿地的复氧,不利于有机物分解,而且植物的存在确实发挥了积极的作用。有学者发现植物使氧气释放可能是去除 300.37 mg COD/$(m^2 \cdot d)$ 或 55.87 mg $NH_4^+ - N/(m^2 \cdot d)$ 的潜在来源。也有学者认为,最初阶段,在有效孔隙本身是相对大的时期,植物根系会阻碍水流向底部,随着时间推移,有效孔隙变得越来越小,在中间和后面堵塞阶段,根系系统,有助引起高导水率。所以,从长远来看,湿地植物能避免过早堵塞,延长湿地的有效寿命。

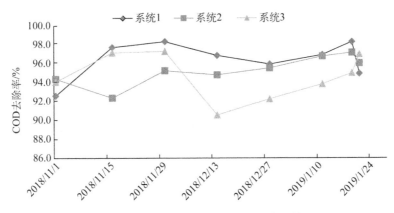

图 6.4　垂直流人工湿地对 COD 的去除效果

6.3.2　污染物在垂直流人工湿地基质层中的空间分布

垂直流人工湿地系统按照高度分为表层(0~30 cm),中层(30~60 cm),下层(60~90 cm),在每一层床体中均匀选取 6 个点,混合均匀,然后按照四分法采集需要的土样,将一部分鲜土放在冰箱中冷冻用来测土壤中的酶、氨氮、孔隙度和硝氮,剩下的土进行风干后进行污染物含量的测定,测定结果代表该层床体基质污染物含量,进行基质中 TN,TP,pH,有机质的测定。

1. 土壤含水率在垂直流人工湿地基质中的沿程变化规律

图 6.5 不同高度层土壤含水率的沿程变化规律。由图 6.5 可以看出,本试验三套系统中基质含水率均呈现下层＞表层＞中层。三套系统中每层之间基质含水率没有显著性差异(P＞0.05),同时下层含水率显著高于其他各层(P＜0.05),上层和中层的含水率差异性较小。可能是由于系统运行时间很长,基质表面存在积水现象,因而表层基质含水率高于中层基质含水率。

2. 土壤孔隙度在垂直流人工湿地基质中的沿程变化规律

人工湿地系统是一种有效的污水生态处理技术,其堵塞问题也是影响人工湿地系统应用和推广的主要原因之一[14]。堵塞是人工湿地中过滤高负荷污水时非常常见的自然效应,湿地中堵塞层的形成原因包括有机固体物与无机固体物沉积在基质内部间隙、基质内生物量的增长和分解及基质本身发生的化学沉淀反应等。垂直流人工湿地由于具有独特的水流方式和去污特点,因而它更容易发生堵塞现象,一旦发生堵塞,人工湿地的净化能力明显减弱,同时由于堵塞表面易于积水,使得在其周围更容易滋生蚊蝇。

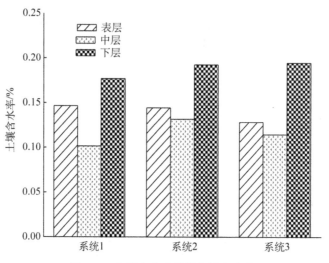

图 6.5　土壤含水率的纵向沿程变化

图 6.6 是土壤空隙度在垂直流人工湿地中沿程变化规律。由图 6.6 可知,三套系统基质中的孔隙度不超过 25％,种植植物的人工湿地系统孔隙度沿程分布规律呈现中层＞表层＞下层的趋势,而无种植的系统 3 中的孔隙度沿程分布规律呈现表层＞中层＞下层的趋势。系统 1 与系统 2 中的表层孔隙度小于中层的可能原因是发达的植物根系主要分布在表层,同时截留了大部分水中污染物,因而造成孔隙度偏小。植物根际中分布大量的微生物,对基质中截留的污染物进行氧化分解,下层中的微生物数量有限对有机物分解能力要相对小些,使得下层的孔隙度显著低于其他各层($P < 0.01$)。三套系统中的基质孔隙度各层之间均呈显著性的差异,而且三套系统每层基质孔隙度均呈显著性差异($P < 0.01$),由图 6.6 还可知,种植植物的系统中的孔隙度要高于无种植的空白系统,说明植物对减缓人工湿地的堵塞起到一定的作用。本试验由于采用的基质是沙子,因而本试验所得到的孔隙度相对于其他文献值偏小。孔隙度的差异可以影响水流在基质层中的运动形态,不同的水流运动形态将会影响水流在基质中的停留时间,继而影响了污水的处理效果。不同基质孔隙度存在明显的差异,叶剑锋[15]在垂直流人工湿地中使用不同的基质粒径、组配高度和顺序不一,结果表明孔隙度大的水力传导性能好,且三种组配基质填料柱的孔隙度均大于 25％。张翔凌等[14]人通过对不同基质的含水率和孔隙率的研究,基质的高含水率有利于人工湿地对污染物的去除,但却不利于运行管理;基质的高孔隙率变化率是湿地系统发生堵塞的重要影响因素。

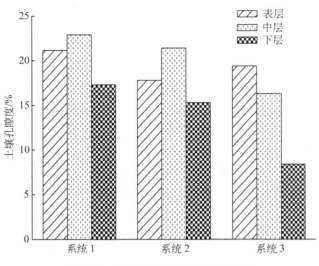

图 6.6　土壤孔隙度的纵向沿程变化

3. 基质 pH 在垂直流人工湿地基质中的沿程变化规律

影响人工湿地脱氮除磷的一个重要影响因素是 pH,许多生化反应都需要在适宜的 pH 下进行。pH 值是人工湿地系统中脱氮的关键,只有在适宜的 pH 值条件下系统中的硝化菌才能发挥最大的活性。据有关研究表明,硝化作用最佳 pH 范围是 7.5~8.6,氨化反应最佳 pH 范围是 6.5~8.6,而反硝化作用最佳 pH 范围是 7~8 之间。本试验进水 pH 在 7.5 左右,三套系统内部 pH 维持在 7.4~8.9 之间,且三套系统基质中 pH 沿程均呈表层＜中层＜下层的规律。如图 6.7 所示,三套系统下层 pH 均明显高于其他各层($P<0.05$),种植皇竹草的系统 1 与种植象草的系统 2 的 pH 不存在显著性差异($P>0.05$),但种植皇竹草的系统 1 与种植象草的系统 2 均与无种植的系统 3 呈显著性差异($P<0.05$),种植植物的湿地系统中根际 pH 与非根际 pH 存在及显著的差异($P<0.01$),空白系统 3 也呈现出相同的规律。Strom 等[16]人研究了根际植物在生长过程中,通过植物的吸收和分泌、水、土壤、大气及微生物的共同作用形成独特的微型生态系统,因而导致根际的土壤 pH 与非根际之间存在显著性的差异。刘树元等[17]人研究了潜流人工湿地中湿地系统 pH 值的分布规律,结果显示出人工湿地系统 pH 值具有很明显的规律性变化趋势,以土壤-炉渣为基质的湿地上层 pH 值小于下层,系统具有良好的缓冲能力,湿地系统中 pH 值的分布规律是与湿地系统内部硝化反应有着密切的联系。

4. NH_4^+-N 在垂直流人工湿地基质中的沿程变化规律

生活污水中氨氮含量一般很高,占总氮含量 70% 左右。人工湿地对氨氮的去除主要通过基质吸附、微生物转化和植物吸收三者的协同作用来完成的。需要强调的是,本试验中是利用 KCl 溶液来浸提氨氮,因此,所测的氨氮主要是土壤表面吸附的氨氮。

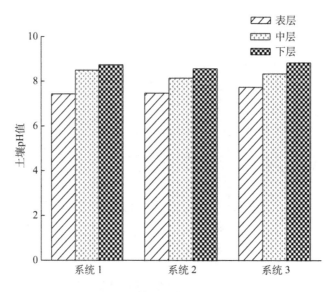

图 6.7　土壤 pH 的纵向沿程变化

图 6.8 是土壤氨氮在垂直流人工湿地中沿程变化规律。由图 6.8 可以看出,三套系统都是表层中的氨氮含量明显高于其他各层($P<0.05$)。系统 1 基质中氨氮的含量为表层 1.41 mg/kg、中层 0.77 mg/kg 下层 0.86 mg/kg,系统 2 基质中氨氮的含量为表层 1.48 mg/kg、中层 1.27 mg/kg、下层 0.86 mg/kg,系统 3 基质中氨氮的含量为表层 1.73 mg/kg、中层 0.61 mg/kg、下层 0.98 mg/kg。各个系统之间存在极显著差异($P<0.01$)。系统 2 种植象草,在基质中,氨氮的含量呈现表层>中层>下层的规律,主要是因为本试验采用下行垂直流人工湿地,污水是从基质的上方流下来,大部分的氨氮主要由基质截留在表面,从而导致表层氨氮含量很高。这与大部分研究结果所得一致,卢少勇等人[18]在人工湿地中进行了沸石和土壤的氮吸附与再生试验研究,试验结果表明浅层土壤的氨氮吸附量为中层和深层土壤的 2 倍以上。系统 1 和系统 3 中的氨氮分布规律一致,即表层>下层>中层,猜测可能是由于系统 1 和系统 2 的基质氧传导性能比较好。系统 3 由于没有种植植物,湿地中没有植物对氨氮的吸收和硝化能力弱等,因此系统 3 表层的氨氮含量明显高于其他系统。

5. $NO_3^- - N$ 在垂直流人工湿地基质中的沿程变化规律

污水中的硝氮一部分通过植物吸收和微生物的同化作用得到去除,一部风通过基质的吸附与截留作用留在基质系统内部,还有一部分随水流流出系统外部。硝氮的去除主要是通过微生物的反硝化作用将其还原成氮气排放到大气中,反硝化能力的强弱与氧浓度存在密切的关系,氧气能够抑制微生物的反硝化能力,因此需要在溶解氧较低的环境去除硝态氮。

图 6.9 是不同高度层土壤硝氮含量纵向沿程变化规律。从图 6.9 可以看出,硝态的沿程分布规律恰好与氨氮的沿程规律相反。三套系统中下层硝氮含量明显高于其他各层

（$P<0.05$）。系统 1 基质中硝氮的含量为表层 1.1 mg/kg、中层 0.8 mg/kg 下层 1.4 mg/kg，系统 2 基质中硝氮的含量为表层 0.3 mg/kg、中层 0.8 mg/kg、下层 1.2 mg/kg，系统 3 基质中硝氮的含量为表层 0.00 mg/kg、中层 0.8 mg/kg、下层 1.2 mg/kg。土壤硝氮的去除主要利用反硝化菌的反硝化作用去除，由图 6.9 可知，无植物的湿地系统 3 中硝氮含量最低，猜测可能是由于系统 3 中溶解氧要低于种植植物的湿地系统，而溶解氧是反硝化细菌反硝化的主导因素。三套系统中均表现出下层硝氮含量最高，虽然下层的溶解氧含量最低满足了反硝化细菌对溶解氧的要求，但反硝化细菌需要外界提供能量和电子来进行反硝化作用，因而下层硝氮的含量最高。通过了解人工湿地中硝氮的分布规律，可以判断人工湿地的硝化和反硝化能力。

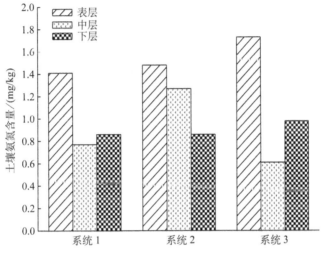

图 6.8　土壤氨氮含量的纵向沿程变化

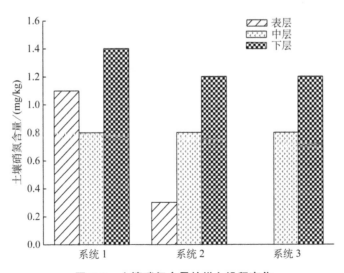

图 6.9　土壤硝氮含量的纵向沿程变化

6. TN 在垂直流人工湿地基质中的沿程变化规律

垂直流人工湿地中的总氮主要包括硝氮、亚硝态氮、氨氮及有机氮。而湿地中的有机氮的去除主要是通过基质表层的截留作用和人工湿地中微生物的降解,氨氮的大部分去除主要是通过基质的吸附作用,少部分利用微生物的硝化作用去除,硝氮及亚硝态氮则主要利用反硝化菌的反硝化作用去除[19]。

图 6.10 是垂直流人工湿地中不同高度层土壤总氮含量沿程变化规律。由图 6.10 可知,基质 TN 表现表层>中层>下层的趋势,TN 的积累量比基质中硝氮的积累量和氨氮的积累量的总和要多,这主要是因为基质中 TN 不仅包括氨氮和硝氮,还包括有机氮,而且随着垂直流人工湿地的运行基质中氮的不断摄入,从而导致基质中的氮不断增加。由图 6.10 可知,其中 0～30 cm 层土壤 TN 含量要显著高于其他各层($P<0.01$),在 2.61～3.66 g/kg 之间,中层 30～60 cm 层土壤中 TN 含量在 0.81～1.46 g/kg 之间,下层 60～90 cm 层土壤 TN 含量最低,在 0.83～0.96 g/kg 之间。由图 6.10 可知,种植植物的湿地系统对氮的截留能力明显要优于无植物的空白湿地系统,同时种植象草的湿地中基质对氮的积累要比皇竹草系统对氮的积累量高,说明象草对氮的去除效果要比皇竹草对氮的去除效果好。

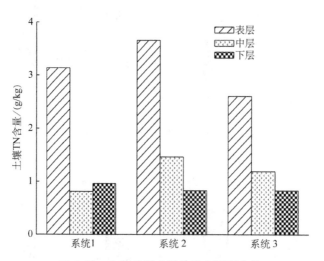

图 6.10　土壤总氮含量的纵向沿程变化

7. TP 在垂直流人工湿地基质中的沿程变化规律

文献报道人工湿地对磷的去除是通过基质、微生物和植物三者协同作用完成的,其中基质除磷占主要作用。人工湿地基质中磷的固定主要包括吸附固定、闭蓄态固定和生物固定[20]。人工湿地基质中的 TP 包括无机磷和有机磷。

图 6.11 是垂直流人工湿地不同高度层土壤 TP 含量沿程变化规律。由图 3.11 可知,三套垂直流人工湿地系统中土壤 TP 的沿程变化规律均呈表层>中层>下层的趋势,其中 0～30 cm 层土壤 TP 含量要极显著高于其他各层($P<0.01$),在 14.71～17.09 g/kg 之

间,系统 1 除外中层 30～60 cm 层土壤 TP 含量极显著高于下层($P<0.01$),在 9.11～10.39 g/kg 之间,系统 1 中层土壤 TP 含量极显著低于下层($P<0.01$),其值为 5.87 g/kg,下层 60～90 cm 层土壤 TP 含量最低,在 7.26～7.78 g/kg 之间,而系统 1 下层土壤 TP 确达到 10.00 g/kg。污水中总磷主要包括颗粒磷、可溶性无机磷及可溶性有机磷,进入人工湿地中各种形式的磷素大部分滞留下来。垂直流人工是对污水磷的去除主要通过基质的截留和植物的吸收,磷素是植物生长所需的主要营养元素之一,它是植物体内许多化合物的主要组成部分,又可以参与植物体内的各种新陈代谢过程[21]。而由图 6.11 可知,系统 1 中中层土壤 TP 的积累量要小于下层可能是由于植物的影响。种植植物的人工湿地系统对磷的积累量要高于无植物系统,说明植物在人工湿地系统中对磷的去除有一定的贡献。

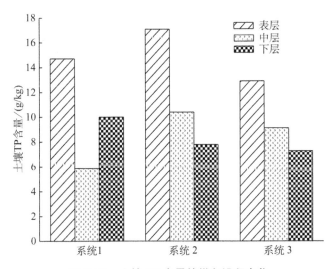

图 6.11　土壤 TP 含量的纵向沿程变化

8. 有机质垂直流人工湿地基质中的沿程变化规律

土壤有机质是指土壤中包含所有含碳的有机物质,分别为土壤中各种动植物的残体、植物根系的分泌物、微生物合成和分解的各种有机物质[22]。土壤有机质是用来评价土壤肥力的重要指标之一。土壤有机质是土壤的重要组成部分,土壤中的物理、化学、生物等许多理化性质都与有机质存在直接或间接的关系[23]。微生物可以直接利用有机物作为碳源来维持人工湿地生态系统的功能,因而促进土壤微生物的活动强度。氮、磷等营养物质会促进微生物的活动,加速湿地土壤中有机质的分解[24]。人工湿地中的有机质具有保水性能,因而在缺水的条件下也能有利于植物、微生物进行生命活动。

图 6.12 是不同高度层土壤有机质含量沿程变化规律。由图 6.12 可以看出,三套系统有机质含量沿程变化规律一致,即表层＞中层＞下层。系统 1 基质中有机质的含量为表层 66.46 g/kg、中层 16.46 g/kg 下层 14.07 g/kg,系统 2 基质中有机质的含量为表层

88.60 g/kg、中层 25.19 g/kg、下层 13.99 g/kg,系统 3 基质中有机质的含量为表层 71.66 g/kg、中层 23.61 g/kg、下层 13.33 g/kg。三套系统湿地中的有机物主要积累在 0～30 cm,30 cm 以下基质中有机质含量明显降低,差异达到极显著($P<0.01$)。系统 1 和系统 3 基质表层有机质含量与系统 2 基质表层达到极显著差异($P<0.01$),系统 1 基质表层有机质含量与系统 3 基质表层达到显著性差异($P<0.05$),系统 2 和系统 3 基质中层有机质含量与系统 1 基质中层达到极显著差异($P<0.01$),而系统 2 中层有机质含量与系统 3 中层有机质含量差异不显著($P>0.05$),系统 1 基质下层有机质含量与系统 2 基质下层有机质含量没有显著性差异,系统 1 基质下层有机质含量与系统 3 基质下层有机质含量达到极显著差异($P<0.01$),而系统 2 下层基质有机质含量与系统 3 下层有机质含量达到显著性差异($P<0.05$)。三套人工湿地系统基质有机质主要分布在表层,主要是因为基质表层截留大部分有机物,同时植物根系分布在表层截留和分泌出有机物。从图 6.12 可以看出,系统 2 表层有机质的含量明显高于系统 1 有机质的含量,可能是由于不同植物对有机物的吸收能力是不一样的。系统 2 基质中各层有机质含量均高于对照系统 3,猜测可能象草分泌出一部分有机物,同时与其根际微生物的数量有关。吕钊彦对薏米人工湿地基质中 Cr 形态分布特征及微生物量进行了研究,研究结果表明,有机质含量呈现上层＞中层＞下层的规律,且随着处理时间的延长,各月份均保持上层＞中层＞下层的有机质含量,薏米体系前期略大于无植物体系,后期差距拉大[25]。

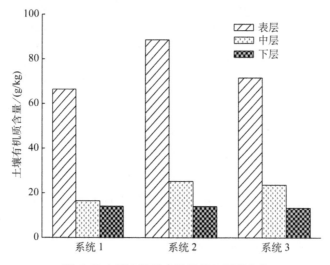

图 6.12 土壤有机质含量的纵向沿程变化

6.3.3 湿地中酶的空间分布与结果分析

1. 中性磷酸酶的活性空间分布

土壤中的磷,大部分以有机磷的形式存在,磷酸酶能酶促有机磷化合物的水解。磷酸酶在生物界非常广泛,主要来源于微生物、动物及植物,其中植物的贡献量最大,能催化水解磷酸单脂释放出无机磷,是生物代谢磷的重要的酶,在磷素污染物循环中起着非常重要的作用。土壤磷酸酶根据土壤 pH 的不同表现不同的催化能力,可以分为酸性磷酸酶、中性磷酸酶、碱性磷酸酶三种。需要强调的是由于本试验基质 pH 呈中性,因此本试验所测的磷酸酶为中性磷酸酶,土壤磷酸酶活性通常可以用来表征土壤的肥力状况。

图 6.13 是三套垂直流人工湿地系统中不同高度层磷酸酶活性的沿程变化规律。由图 6.13 可以看出,磷酸酶含量的沿程分布呈表层＞中层＞下层的趋势,表层磷酸酶的含量显著高于其他各层(P＜0.01)。系统 1 表层磷酸酶的含量分别是其中层的 5 倍和下层的 20 倍,系统 2 表层磷酸酶的含量分别是其中层的 3.8 倍和下层的 15 倍,系统 3 表层磷酸酶的含量分别是其中层的 4 倍和下层的 31 倍。系统 2 中磷酸酶的含量明显高于其他系统,对照系统 3 的磷酸酶含量最低。系统 1 与系统 2 中磷酸酶的活性没有显著性差异,但两者均与对照系统 3 存在极显著差异(P＜0.01)。杨文英[26]在杭州湾湿地土壤酶活性分布特征中指出,随着土壤深度的增加,湿地中土壤蔗糖酶活性显著下降,脲酶、磷酸酶的活性也有所下降,同时也指出土壤酶活性主要集中分布在表层土中。江福英等人[27]通过几种植物在模拟污水处理湿地中根际微生物功能群特征进行了研究,结果表明植物的根际区各种酶的活性都比非根际土壤高,湿地植物的根际效应非常显著。叶淑红[28]在辽东湾湿地微生物量与土壤酶的研究指出,土壤酶与微生物的变化趋势相同,各种酶的活性大小不同可能与植株分泌的养分对酶的激活程度不同。因此,本试验磷酸酶沿程分布所得结果与大部分研究吻合。

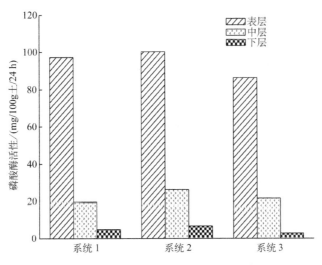

图 6.13 土壤磷酸酶活性的纵向沿程变化

2. 脲酶活性空间分布

脲酶存在于大多数细菌、真菌和高等植物中,它是一种酰胺酶,能够酶促有机物中肽键的水解。脲酶的是一种极为专一性的酶,仅能催化水解土壤中的尿素,因而它被认为是土壤中氮素转化的关键酶,主要来源于动植物的分泌和残体分解。

图 6.14 是三套垂直流人工湿地系统中不同高度层土壤脲酶活性的沿程变化规律。由图 6.14 可以看出,土壤脲酶的沿程分布规律同磷酸酶一致,即表层>中层>下层。根际土脲酶的含量显著高于非根际土($P<0.01$),土壤脲酶活性与土壤微生物数量有关。种植皇竹草的湿地系统与种植象草的湿地系统脲酶含量没有差异性,但种植皇竹草的湿地系统与空白对照系统存在极显著差异($P<0.01$),而种植象草的湿地系统与空白对照系统只存在显著性差异($P<0.05$)。综合比较三套系统,本试验中不同植物系统脲酶含量没有达到差异性,但是皇竹草的湿地系统脲酶的含量高于其他湿地系统。土壤脲酶的活性与土壤微生物的数量、有机质含量、TN、TP 含量都有关,本试验中系统 1 中污染物的含量在三套系统中均较低,猜测可能是系统 1 植物生长茂盛,植物残体及根际分泌的影响。也有研究表明,脲酶在土壤中一般在 pH 值 6.5~7.0 范围内活性最大,因此土壤 pH 也是影响脲酶活性的重要因素。土壤 pH 试验也显示出空白系统均高于植物系统。黄娟等[28]人通过潜流型人工湿地的脲酶活性分布特性的研究,结果表明,在各潜流湿地系统中有植物湿地脲酶活性高于对照湿地,湿地中各层脲酶的活性均沿程下降,同时中上层明显高于下层,植物根际分泌物对脲酶活性有直接影响。

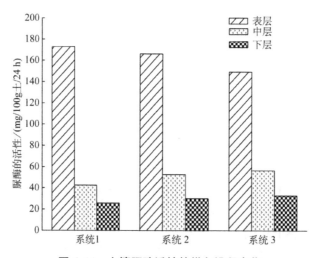

图 6.14　土壤脲酶活性的纵向沿程变化

3. 过氧化氢酶活性空间分布

脱氢酶是一种参与土壤有机质转化相关的酶,这种酶可以酶促有机质进行脱氢反应,起着氢的中间传递体的作用[29]。过氧化氢酶广泛存在生物体和土壤中,它是由生物呼吸过程和有机物生物化学氧化反应的结果产生的,过氧化氢酶可以酶促过氧化氢水解为水和氧的过程,从而消除过氧化氢对生物和土壤的毒害作用。

图 6.15 是三套垂直流人工湿地系统中不同高度层过氧化氢酶活性沿程变化规律。

由图 6.15 可知,三套人工湿地系统中过氧化氢酶的空间分布均随着深度增加活性逐渐减弱。三套系统中过氧化氢酶活性最高可以达到 0.021 3～0.100 0 mol/L KMnO₄/(mL·g),最低只有 0.006 7～0.100 0 mol/L KMnO₄/(mL·g)。三套人工湿地系统表层的过氧化氢酶活性显著高于其他各层($P<0.01$)。种植植物的人工湿地系统过氧化氢酶的活性略高于空白对照人工湿地系统。两套种植植物的人工湿地系统中过氧化氢酶活性没有显著性差异,种植象草的人工湿地系统与空白对照存在显著性($P<0.05$)。曾永刚[30]在人工湿地中对微污染水中污染物去除特征研究中指出,过氧化氢酶活性随季节变化很明显,但是各个湿地之间的差异性不显著。何起利等人[31]通过复合垂直流人工湿地基质氧化还原酶活性的研究,结果表明过氧化氢酶随着基质层深度的增加,酶活性亦相对减少。

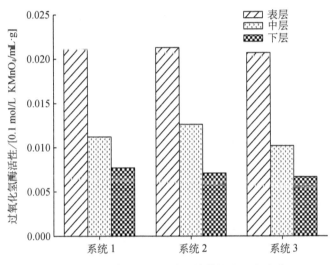

图 6.15　土壤过氧化氢酶活性的纵向沿程变化

4. 转化酶活性空间分布

转化酶(蔗糖酶、β-呋喃果糖苷酶)广泛存在于所有的土壤里,它是表征土壤生物学活性的重要酶,在增加土壤中易溶物质中起着非常重要的作用[32]。土壤转化酶可以将土壤中的多糖水解能够被植物和微生物直接利用的葡萄糖和果糖,为土壤中生物提供了生命活动所需能源[22]。

图 6.16 是三套垂直流人工湿地系统中不同高度层转化酶活性的沿程变化规律。由图 6.16 可以看出,系统 1 表层的转化酶活性稍高于其他湿地系统,系统 1 中的转化酶活性呈现表层>下层>中层的规律,这与另外两个人工湿地系统中转化酶活性分规律是不一样的。三套人工湿地系统中表层转化酶的活性显著高于其他各层($P<0.01$),系统 1 中表层的转化酶活性与系统 3 表层的转化酶活性存在显著性差异($P<0.01$)。由图 6.16 可以看出,垂直流人工湿地中转化酶活性最高可以达到 1.86 mL 0.1 N Na₂S₂O₃/g,最低只有 0.62 mL/g。张士萍[22]研究了春季湿地土壤中,系统 1 土壤转化酶活性稍稍高于系统 2

97

和系统 3,系统 2 在纵向上有明显的下降的趋势,系统 3 在纵向上土壤转化酶活性先上升后下降的趋势,与本试验得到的结论一致。

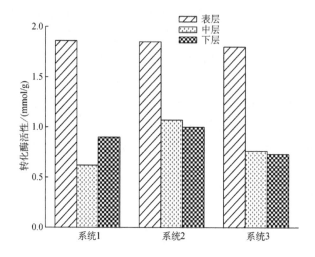

图 6.16　土壤转化酶活性的纵向沿程变化

5. 纤维素酶活性空间分布

纤维素酶是一种广泛存在于自然界的生物体中,许多微生物包括细菌、真菌及动物均能产生纤维素酶,纤维素酶是一种能水解纤维素为葡萄糖的酶,基质纤维素酶主要分解土壤中的速效成分碳[33]。

图 6.17 是垂直流人工湿地不同高度层纤维素酶活性的沿程变化规律。由图 6.17 可知,纤维素酶呈现的规律与其他酶的规律完全不一样,三套系统中纤维素酶均呈现表层酶含量最低,下层含量最高的趋势。纤维素酶活性最高可以达到 51.75 ug/(g·72 h),最低只有 -15.1 ug/(g·72 h)。种植植物的人工湿地系统中纤维素酶活性要高于无植物的湿地系统,说明植物在人工湿地中能够对纤维素酶有一定的贡献。

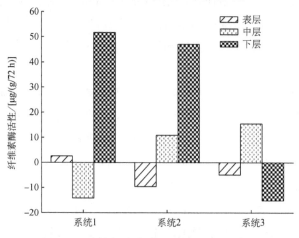

图 6.17　土壤纤维素酶活性的纵向沿程变化

6.3.4　垂直流人工湿地基质间污染物相关性分析

1. 垂直流人工湿地基质污染物与深度及 pH 的相关性分析

表 6.4 是垂直流人工湿地中主要污染物的沿程含量与深度及 pH 的相关性分析。由表 6.4 可知,基质中总氮、总磷、有机质与深度及 pH 之间均表现出极显著的相关性。其中,基质中总氮、总磷和有机质均与深度呈极显著负相关($P<0.01$),基质 pH 与深度呈极显著正相关($P<0.01$),基质中总氮、总磷、有机质均与 pH 呈现极显著负相关($P<0.01$)。由表 6.4 还可看出,污染物(TN、TP、有机质)之间也呈极显著相关性($P<0.01$)。

表 6.4　基质间污染物的沿程含量与深度及 pH 的相关性分析

		深度	TN	TP	有机质	pH
深度	相关系数	1.000	−0.881**	−0.761**	−0.899**	0.945**
	P 值	—	0.000	0.000	0.000	0.000
TN	相关系数	−0.881**	1.000	0.950**	0.983**	−0.956**
	P 值	0.000	—	0.000	0.000	0.000
TP	相关系数	−0.761**	0.950**	1.000	0.915**	−0.880**
	P 值	0.000	0.000	—	0.000	0.000
有机质	相关系数	−0.899**	0.983**	0.915**	1.000	−0.938**
	P 值	0.000	0.000	0.000	—	0.000
pH	相关系数	0.945**	−0.956**	−0.880**	−0.938**	1.000
	P 值	0.000	0.000	0.000	0.000	—

注:上表由 SPSS16.0 进行统计分析,* 表示显著相关($P<0.05$);** 表示极显著相关($P<0.01$)

2. 垂向沿程基质间各种酶之间的相关性分析

表 6.5 是垂向沿程基质间各种基质酶之间的相关性分析结果。由表 6.5 可知,基质酶之间呈现极显著的相关性。其中,基质脲酶与中性磷酸酶、过氧化氢酶和转化酶均呈现极显著相关性($P<0.01$),但是,基质脲酶、中性磷酸酶、过氧化氢酶和转化酶与纤维素酶均没有相关性($P>0.05$)。

表 6.5　垂向沿程基质间各种酶之间的相关性分析

		脲酶	磷酸酶	过氧化氢酶	转化酶	纤维素酶
脲酶	相关系数	1.000	0.996**	0.976**	0.947**	−0.446
	P 值	—	0.000	0.000	0.000	0.229
磷酸酶	相关系数	0.996**	1.000	0.989**	0.948**	−0.444
	P 值	0.000	—	0.000	0.229	0.232

		脲酶	磷酸酶	过氧化氢酶	转化酶	纤维素酶
过氧化氢酶	相关系数	0.976**	0.989**	1.000	0.921**	−0.475
	P 值	0.000	0.000	—	0.000	0.196
转化酶	相关系数	0.947**	0.948**	0.921**	1.000	−0.227
	P 值	0.000	0.000	0.000	—	0.557
纤维素酶	相关系数	−0.446	−0.444	−0.475	−0.227	1.000
	P 值	0.229	0.232	0.196	0.557	—

注：上表由 SPSS16.0 进行统计分析，* 表示显著相关（$P<0.05$）；** 表示极显著相关（$P<0.01$）。

3. 垂向沿程基质间基质酶与污染物含量的相关性分析

表 6.6 是垂向沿程基质间基质酶与污染物含量的相关性分析结果。由表 6.6 可知，基质间的污染含量与基质酶是有相关性的。其中，基质中的总氮、总磷、有机质、氨氮、pH 与脲酶、中性磷酸酶、过氧化氢酶及转化酶均呈现极显著相关性（$P<0.01$），基质中的硝氮只与过氧化氢酶呈现显著相关（$P<0.05$），但基质中的总磷、总氮、有机质、氨氮、硝氮皆与纤维素酶没有相关性（$P>0.05$）。

表 6.6 垂向沿程基质间基质酶与污染物含量的相关性分析

		脲酶	磷酸酶	过氧化氢酶	转化酶	纤维素酶
TN	相关系数	0.975**	0.978**	0.952**	0.951**	−0.382
	P 值	0.000	0.000	0.000	0.000	0.310
TP	相关系数	0.897**	0.901**	0.869**	0.928**	−0.179
	P 值	0.001	0.001	0.002	0.000	0.646
有机质	相关系数	0.975**	0.982**	0.962**	0.946**	−0.427
	P 值	0.000	0.000	0.000	0.000	0.251
氨氮	相关系数	0.821**	0.831**	0.845**	0.896**	−0.390
	P 值	0.007	0.006	0.004	0.001	0.299
硝氮	相关系数	−0.629	−0.663	−0.713*	−0.562	0.546
	P 值	0.069	0.052	0.031	0.116	0.129
pH	相关系数	−0.962**	−0.973**	−0.974**	−0.921**	0.381
	P 值	0.000	0.000	0.000	0.000	0.312

注：上表由 SPSS16.0 进行统计分析，* 表示显著相关（$P<0.05$）；** 表示极显著相关（$P<0.01$）。

6.3.5　垂直流人工湿地中植物的摄取作用

1. 垂直流人工湿地中植株的生长情况的结果与分析

植物在生长过程中伴随着许多的生理生态过程,其中主要包括有植株的增长高度、根系延伸长度、光合与呼吸作用、根际分泌物及生物量的累积等。为了很直观的观察植物的生长情况,选取植物的生长高度来代表植物的生长率。试验中每隔四天测一次高度,在每套垂直流人工湿地系统中选取有代表性的植物三棵来测量,最后以每个月的平均生长率来观察植株的生长速率情况。由图 6.18 可知,系统在运行前期,皇竹草的生长速率要高于象草,而在后期皇竹草的生长速率要低于象草的,随着系统的运行,两种植物的生长速率都要比之前的要小,说明植物生长在刚开始生长得比较快,而到后期生长得非常缓慢。

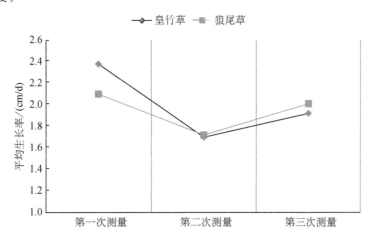

图 6.18　垂直流人工湿地中植株的生长速率情况

2. 垂直流人工湿地中植物的生物量的结果分析

表 6.7 是垂直流人工湿地中植物在不同时间段植物各组织的生物量结果变化情况。对垂直流人工湿地系统进行第一次收割植物,皇竹草总的生物量为 5.35 kg,其中皇竹草茎占 1.23 kg,皇竹草叶占 4.12 kg,象草总的生物量为 4.19 kg,比皇竹草少了 1.16 kg,象草茎占 0.87 kg,象草叶占 3.32 kg。垂直流人工湿地系统进行第二次收割植物,皇竹草总的生物量为 3.8 kg,其中皇竹草茎占 0.95 kg,皇竹草叶占 2.85 kg,象草总的生物量为 2.26 kg,比皇竹草少了 1.54 kg,象草茎占 0.46 kg,象草叶占 1.80 kg。实验结束时候对系统植物进行第三次收割,此时皇竹草总的生物量为 2.79 kg,其中,皇竹草茎占 0.65 kg,皇竹草叶占 1.28 kg,皇竹草根占了 0.86 kg,象草总的生物量为 1.7 kg,比皇竹草少了 1.09 kg,象草茎占 0.22 kg,象草叶占 0.85 kg,象草根占了 0.63 kg。由表 6.7 可知,两种植物叶的生物量均要高于茎的生物量,且皇竹草的生物量要高于象草的生物量。随着系统的运行,植物生物量是逐渐减小的。

表 6.7　垂直流人工湿地中不同时间段植物的生物量

收割次数	植物	生物量		含水率/%
		鲜重/kg	干重/kg	
第一次收割	皇竹草茎	1.23	0.09	92.79
	皇竹草叶	4.12	0.52	87.30
	象草茎	0.87	0.07	91.93
	象草叶	3.32	0.41	87.69
第二次收割	皇竹草茎	0.95	0.10	89.34
	皇竹草叶	2.85	0.43	84.95
	象草茎	0.46	0.05	88.70
	象草叶	1.80	0.26	85.67
第三次收割	皇竹草茎	0.65	0.06	89.91
	皇竹草叶	1.28	0.16	87.49
	皇竹草根	0.86	0.10	88.72
	象草茎	0.22	0.03	85.16
	象草叶	0.85	0.11	87.14
	象草根	0.63	0.06	89.67

3. 垂直流人工湿地中植株不同组织中总氮的含量情况

图 3.19 是垂直流人工湿地中不同植株不同组织中总氮的含量情况。由图 3.19 可知，垂直流人工湿地中不同植株不同组织中总氮的含量是有显著差异的。其中，皇竹草茎中 TN 含量与皇竹草叶及皇竹草根均呈极显著差异（$P<0.01$），象草茎中 TN 含量与象草叶及象草根均呈极显著差异（$P<0.01$）。由图 6.19 还可以看出，皇竹草随着系统的运行茎中 TN 的含量是缓慢逐渐减小的，且不存在差异性（$P>0.05$），皇竹草叶中 TN 的含量随着系统的运行是逐渐增加的，第一次收割时皇竹草叶中的 TN 含量与其他月份之间是有显著差异的（$P<0.05$）。象草中茎的 TN 含量随系统运行时呈降低的趋势，但象草叶中 TN 的含量随系统的运行是逐渐增加的，第三次收割时象草叶的 TN 含量与前面两个月均有极显著差异（$P<0.01$）。由图 6.19 可知，皇竹草和象草中不同组织中 TN 的含量分布规律是：叶＞根＞茎。同时，皇竹草茎中 TN 的平均含量要比象草高 3.2 mg/g，皇竹草叶中 TN 的平均含量要比象草高 1.7 mg/g，皇竹草根中 TN 的平均含量要比象草低 0.4 mg/g。

4. 垂直流人工湿地中植物不同组织中总磷的含量情况

图 6.20 是垂直流人工湿地中不同植株不同组织中总磷的含量情况。由图 6.20 可知，植物中总磷的含量在不同组织中分布状况与总氮的分布是不一样的。随着系统的运行，

皇竹草茎中 TP 的含量呈逐渐降低的趋势,且具有极显著的差异($P<0.01$),而象草茎中 TP 的含量是先增加后降低的趋势,象草茎中 TP 的含量在三次收割之间是存在极显著的差异($P<0.01$)。皇竹草叶中 TP 的含量随着系统运行逐渐增加,而象草刚好相反。由图 6.20 可知,皇竹草和象草中不同组织中 TP 的含量分布规律是茎>叶>根。同时,皇竹草茎中 TP 的平均含量要比象草高 0.03 mg/g,皇竹草叶中 TP 的平均含量要比象草高 0.2 mg/g,皇竹草根中 TP 的平均含量要比象草低 0.04 mg/g。

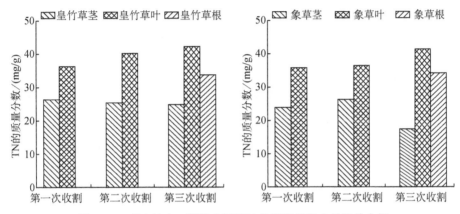

图 6.19　垂直流人工湿地中不同植株不同组织中总氮的含量

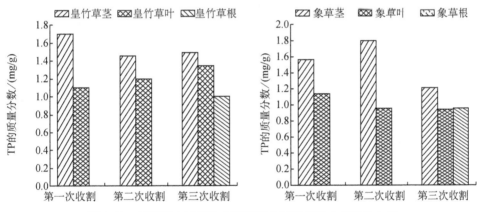

图 6.20　垂直流人工湿地中不同植株不同组织中总磷的含量

5. 垂直流人工湿地中植物不同组织中有机碳的含量情况

图 6.21 是垂直流人工湿地中不同植株不同组织中有机质的含量情况。由图 6.21 可知,随着系统的运行,皇竹草茎中的有机质含量是逐渐增加的趋势,而皇竹草叶中的有机质含量呈逐渐减小的趋势。皇竹草不同组织中有机质的含量均可达到 300 g/kg 以上,且皇竹草不同组织中有机质平均含量分布规律是叶>根>茎。皇竹草茎的有机质含量与皇竹草叶和根均呈显著差异($P<0.05$)。由图 6.21 可知,随着系统的运行,象草茎中的有机质含量是呈逐渐增加的趋势,且有机质的量是越来越大呈极显著差异($P<0.01$),而象草

叶中的有机质含量是呈逐渐减小的趋势,这与皇竹草是一致的,后期象草茎中有机碳含量最高,且为茎>根>叶。这与皇竹草是不一样的。同时,皇竹草茎中有机质的平均含量要比象草低 18.8 g/kg,皇竹草叶中有机质的平均含量要比象草高 11.1 g/kg,皇竹草根中有机质的平均含量要比象草低 26.5 g/kg。

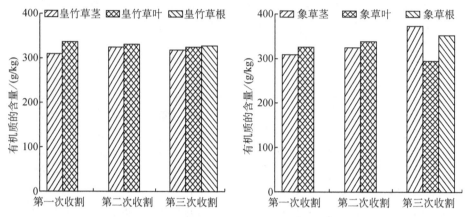

图 6.21　垂直流人工湿地中不同植株不同组织中有机质的含量

6. 垂直流人工湿地中植物对污染物的吸收量

表 6.8　垂直流人工湿地中植物的收割对污染物的去除量

	植物部位	TN/g	TP/g	有机质/g
第一次收割	皇竹草茎	2.38	0.15	27.81
	皇竹草叶	18.85	0.57	174.98
	象草茎	1.67	0.11	21.53
	象草叶	14.72	0.47	133.25
第二次收割	皇竹草茎	2.54	0.15	32.30
	皇竹草叶	17.35	0.52	141.90
	象草茎	1.31	0.09	16.25
	象草叶	9.48	0.25	87.75
第三次收割	皇竹草茎	1.49	0.09	19.05
	皇竹草叶	6.77	0.22	52.00
	皇竹草根	3.38	0.10	32.60
	象草茎	0.51	0.04	11.22
	象草叶	4.54	0.10	32.45
	象草根	2.05	0.06	21.15

　　由表 6.8 可知,通过第一次收割,皇竹草茎对 TN,TP 及有机质的去除量分别为 2.38 g,0.15 g 及 27.81 g,而皇竹草叶对 TN,TP 及有机质的去除量分别为 18.85 g,0.57 g 及 174.98 g,象草茎对 TN,TP 及有机质的去除量分别为 1.67 g,0.11 g 及 21.53 g,而皇竹草叶对 TN,TP 及有机质的去除量分别为 14.72 g,0.47 g 及 133.25 g,皇竹草对 TN,TP 及有机质的去除量明显高于象草。随着系统运行时间的延长,皇竹草与象草对污染物的去除量明显下降。由表 6.8 可知,植物在运行初期对污染物的吸收量还是很大的,说明植物在垂直流人工湿地中对污染物净化过程起到一定的作用。且及时收割湿地植物对湿地中污染物的去除有积极作用。

6.4　讨论与结论

6.4.1　讨论

1. 不同植物湿地对对城镇生活污水的净化效果

　　本试验中,三套垂直流人工湿地系统在秋冬季运行期对 TN 和 TP 的去除率很高,出水水质也比较稳定。三套垂直流人工湿地系统由于具有独特的水流布水方式,使得系统对污染物氮、磷有较高的处理效果,三套系统出水 TN 的平均浓度为 15.46 mg/L,10.55 mg/L,17.96 mg/L,出水 TP 的平均浓度为 1.02 mg/L,1.54 mg/L,1.20 mg/L。城镇生活污水经过垂直流人工湿地系统处理,TN 和 TP 的出水浓度已经基本可以达到《城镇污水处理厂污染物排放标准》(GB 18918—2002)的一级 B 标准。

　　本试验采用垂直流人工湿地系统,因而对 TN 具有较高的去除率,出水浓度也比较理想,基本达到一级排放标准,而脱氮处理效果较好的系统 2 出水浓度可以达到一级排放 A 标准。人工湿地对氮的去除主要通过湿地植物、基质和微生物的物理、化学和生物的三者协同作用来去除的。基质对氮的去除有一定的作用,刘慎坦等人[34]对组合基质和煤渣基质潜流式人工湿地脱氮的效果进行了比较研究,结果表明,组合基质的脱氮效果较好,去除率可以达到 75.7%,煤渣的去除率相对较低,为 51.8%。考虑到便于取材且经济适用,试验中基质主要为河砂,由于河沙孔径较小、粒度比较均匀,对污染物的净化效果也较好。砂了作为垂直流人工湿地中的基质,在高污染负荷下对污染物具有较高的氧传递速率,因而更有利于污染物的净化[35]。本试验中三套垂直流人工湿地系统对 TN 的去除效果差异很大,同时种植植物的湿地系统要比无植物的系统要好,象草对 TN 的去除效果更好。人工湿地脱氮主要通过微生物的硝化与反硝化作用来完成,垂直流人工湿地由于具有较好的复氧能力,同时本试验采用间歇运行,增加了水力停留时间,因而可以更好地进行脱氮处理。植物在人工湿地净化污水中具有重要的作用,尹士君等人[36]阐述了植物在人工湿地污水净化过程中的作用及其对净化效果的影响,植物在湿地中具有吸收、利用和富集污染物质、输送氧气到湿地系统和维持系统稳定等作用。

人工湿地对磷的去除主要通过基质的沉淀和吸附作用。基质对磷不仅有吸附作用，而且污水中的磷能够与基质中的 Ca,Al,Fe 等发生化学反应形成沉淀从而对磷进行去除。本试验采用传统基质砂，由于砂的孔径较小对污水中的磷有较好截留作用，有利于微生物的降解。三套垂直流人工湿地对 TP 的出水平均浓度也比较理想，达到污染物排放一级 B 标准。皇竹草对 TP 的净化效果要明显好于象草，这可能主要是因为皇竹草的根系比较粗且比较发达，对污染物的截留效果要好于象草的。象草对 TP 的去除效果比无植物的系统差，可能由于在运行期间植物对湿地系统释放出磷，植物的根系对基质具有疏松的作用，使得基质空隙度增大对污染物的截留作用减弱。

2. 不同植物湿地基质中污染物的空间分布

三套垂直流人工湿地系统中基质含水率沿程分布均呈现下层＞表层＞中层的趋势，而基质空隙度的沿程分布呈现中层＞表层＞下层的趋势，基本上是上层孔隙度最大，而下层含水率最大的变化规律。人工湿地基质下层含水率与其他各层存在极显著差异，而表层和中层的含水率没有显著差异，猜测可能是因为系统运行的时间比较长，系统表层中有积水的现象。人工湿地中系统中具有较高的含水率和较高的孔隙度，因而更加有利于人工湿地对污染物的去除。本试验基质含水率沿程变化规律与其他研究结果不一致，吕钊彦[25]对薏米人工湿地基质中 Cr 形态分布特征及微生物量进行了研究，研究结果表明，基质含水率随处理时间的延长，各月份均保持表层＞中层＞下层规律，基质中层和下层的含水率差异性较小，下层基质含水率与其他各层相比达到极显著差异，植物系统含水率大于无植物对照。

三套垂直流人工湿地中基质 pH 的沿程变化规律呈下层＞中层＞表层的趋势。人工湿地系统中的 pH 能够影响湿地中的脱氮除磷，这主要是因为在脱氮除磷中微生物发挥了重要作用。据有关文献报道，硝化作用最佳 pH 范围是 7.5～8.6，氨化反应最佳 pH 范围是 6.5～8.6，而反硝化作用最佳 pH 范围是 7～8 之间。本试验中基质 pH 始终在微生物适合的范围内，因而更加有利于微生物对污染物的去除。根际区 pH 与非根际区的 pH 存在极显著的差异，这与 Strome 等人[16]研究一致。表层 pH 偏低的主要一个原因是表层积累的有机质较多，微生物分解有机质释放出二氧化碳因而造成基质 pH 偏低。通过相关性分析所知，基质 pH 与总氮、总磷及有机质均有极显著负相关，且各污染物之间具有极显著相关性，说明污染物之间可以协同发生作用，更加有利于污染物的去除。

三套垂直流人工湿地中基质氨氮的沿程含量分布是表层明显高于其他各层，而基质硝氮的沿程含量分布是下层含量明显高于其他各层。垂直流人工湿地中氨氮的沿程含量分布情况与大部分研究结果一致。卢少勇等人在人工湿地中通过沸石和土壤的氮吸附与再生试验研究，试验结果表明浅层土壤的氨氮吸附量为中层和深层土壤的 2 倍以上[18]。下层硝氮含量显著高于其他各层，这主要是因为垂直流人工湿地中硝氮的去除主要通过基质的反硝化作用来完成，但微生物发生反硝化作用需要碳源，由于下层污染物截留的量比较小，可提供的碳源有限，通过垂直流人工湿地中微生物的硝化作用增加了硝氮的含量。通过了解垂直流人工湿地内部的氨氮与硝氮含量,可以了解系统中的硝化与反硝化能力。本试验中三套垂直流人工湿地中硝化能力比较强,但反硝化作用比较弱,因而需要考虑提高人工湿地中反硝化能力,有利于维持人工湿地系统的正常运行。三套垂直流人工湿地系统中 TN 的沿程分布基本是表层>中层>下层的规律。种植植物的垂直流人工湿地 TN 的积累量要高于空白系统,同时皇竹草植物系统对 TN 的积累量要比象草小,说明象草植物对污水中的氮具有很好的吸附截留作用,这与对 TN 的净化效果是一致的。刘树元等人[17]选定芦苇、小叶章为湿地植物,构建了三个垂直流人工湿地系统,考察了模拟系统的上层、下层氮、磷和 pH 值等指标的变化。结果表明,湿地上层总氮的净化效果要高于下层。更有研究指出,湿地中的有机氮主要是通过表层基质的吸附截留和微生物的水解作用去除的,氨氮的去除绝大部分是由于基质的吸附作用,少部分通过基质的硝化作用来去除的,而硝氮去除主要通过反硝化作用[19]。袁林江等人[37]采用复合垂直流人工湿地研究了间歇运行条件下湿地对污水氮的净化效果,结果表明,氮的去除主要发生在湿地上层 0～35 cm 处,与本试验得到的结论一致。

　　三套垂直流人工湿地系统中基质 TP 的沿程分布是基本上呈现表层>中层>下层的规律,三套系统中基质对 TP 的积累量有显著性差异,其中象草系统中对 TP 的积累量要明显高于其他系统,种植植物人工湿地系统对 TP 的积累量要高于空白系统。目前公认的是基质除磷是人工湿地的主要途径,但植物在人工湿地中对 TP 的去除有一定的作用。三套垂直流人工湿地中有机质的沿程分布是基本上呈现表层>中层>下层的趋势。人工湿地中的有机质具有保水性能,因而在缺水的条件下也能利于植物、微生物的分解。本试验中有机质与深度呈极显著负相关性,这与大部分研究一致。叶建锋等人[38]对垂直潜流人工湿地堵塞机制进行了研究,研究发现,有机质积累与基质深度基本呈负相关性,基质越深,有机质含量越少,有机质表层含量高于其他各层。牛晓音等人[39]研究了杭州西湖边人工湿地污水净化生态工程中有机质积累情况,有机质主要积累在 0～100 mm 处有机质积累对水力传导性和净化效果均有一定的影响。系统 2 中基质有机质的量最高,可能是由于象草的特殊性质结构,使其周围形成复杂的环境。本试验中,主要污染物积累情况象草植物系统要比皇竹草植物系统高,可能的原因是植物皇竹草对污染物吸收的量要比象草高,因而系统中污染物积累量高些。

　　3. 不同植物湿地中基质酶与污染物含量的关系

　　本试验中主要研究了 5 种基质酶,分别是脲酶、中性磷酸酶、过氧化氢酶、转化酶及纤维素酶。本试验中脲酶的活性沿程分布呈表层>中层>下层的规律,表层脲酶的活性极显著高于其他各层,种植植物系统中脲酶活性要高于不种植植物的湿地系统,但种植植物的两套湿地之间脲酶的活性没有达到显著差异。经过相关性分析,本试验中脲酶与 TN、TP、有机质、氨氮及 pH 均有极显著相关性。也有研究表明,脲酶在土壤中一般在 pH 6.5～7.0 范围内活性最大,因此土壤 pH 也是影响脲酶活性的重要因素。杨文英等人[26]研究土壤酶活性与有机碳的关系,随深度增加,酶活性和土壤有机碳的含量均呈下降趋势,土壤脲酶与土壤有机碳呈显著正相关。黄娟等人[28]还考察了人工湿地中脲酶活性的分布特征,结果表明,脲酶活性与 TN 去除率相关,有植物湿地酶活性要高于空白湿地,湿地中脲酶活性均沿程下降,中上层明显高于下层,植物根系分泌物直接影响脲酶活性。崔伟[40]研究了复合垂直流人工湿地脲酶和磷酸酶活性与污染物的关系,指出脲酶与 TN 的去除率显著相关,而磷酸酶活性与 TP 的去除率相关性不显著。中性磷酸酶在垂直流人工湿地系统中活性的沿程分布情况与脲酶一致,表层中磷酸酶的活性极显著高于其他各层,种植植物系统中磷酸酶活性要高于空白系统,猜测可能是植物周围分布着大量的微生物,微生物参与污染物的净化离不开酶的参与。磷酸酶受 pH 的影响具有不同的活性。由相关性分析知,本试验中磷酸酶与 TN、TP、有机质、氨氮及 pH 均有极显著相关性。冯紫媛[41]在对脲酶和磷酸酶的初步研究中指出,土壤酶活性可以指示土壤中的生物活性,其中脲酶和过氧化氢酶与土壤中全氮有显著的相关性,磷酸酶活性与氮、磷、钾均有直接关系。三套垂直流人工湿地系统中过氧化氢酶活性沿程分布规律与脲酶、磷酸酶一致。过氧化氢酶活性与 TN、TP、有机质、氨氮及硝氮呈显著相关性。三套垂直流人工湿地系统中转化酶活性的沿程分布呈现表层>中层>下层。转化酶与 TN、TP、有机质、氨氮及 pH 均有显著相关性。本试验中纤维素酶对所有污染物都没有相关性,可能是纤维素酶在本湿地系统中没有突出主导作用,这与纤维素酶活性的沿程分布状况也可以看出。

4. 植物不同组织对污染物的摄取作用

湿地中种植的植物是皇竹草和象草。皇竹草和象草均是生物量大,对氮、磷需求量高,且极易生长的能源植物。通过三次收割,皇竹草在三次收割中生物量分别为 5.35 kg,3.80 kg,1.93 kg,象草的生物量为 4.19 kg,2.26 kg,1.48 kg。从生物量上来看,皇竹草生长要比象草丰盛些,相应的带走污染物的量也要多些。植物中不同组织 $\omega(TN)$、$\omega(TP)$ 及有机质均是不一样的,这与蒋跃平[42]所得结果一致。第一次收割,皇竹草中 TN 的含量为 21.23 g,TP 的含量为 0.72 g,有机质的含量为 202.79 g,象草中 TN 的含量为 16.39 g,TP 的含量为 0.58 g,有机质的含量为 154.78 g,随着系统运行时间的延长,植物各组织对污染物的摄入量逐渐减小。最后一次植物收割时,皇竹草中 TN 的含量为 11.64 g,TP 的含量为 0.41 g,有机质的含量为 103.65 g,象草中 TN 的含量为 7.10 g,TP 的含量为 0.20 g,有机质的含量为 64.82 g;总的来说,植物在垂直流人工湿地系统中对 TN、TP 的处理过程中起到了重要作用。

6.4.2 结论

(1) 三套垂直流人工湿地系统在 20 cm/d 水力负荷和间歇运行条件下对生活污水均有较高的去除效果。结果表明,三套人工湿地对 TN 的平均去除率表现为系统 2>系统 1>系统 3,对 TP 的平均去除率表现为系统 1>系统 3>系统 2。

系统 1、系统 2、系统 3 的总氮出水浓度分别为 6.50~25.30 mg/L,4.60~18.90 mg/L,7.00~31.70 mg/L,平均 TN 出水浓度分别为 15.46 mg/L,10.55 mg/L,17.96 mg/L。

系统 1、系统 2、系统 3 的总磷出水浓度分别为 $0.65\sim1.89$ mg/L，$1.04\sim2.16$ mg/L，$0.12\sim2.15$ mg/L，平均 TP 出水浓度分别为 1.02 mg/L，1.54 mg/L，1.20 mg/L。三套垂直流人工湿地系统中出水 TN 浓度、TP 浓度基本满足《城镇污水处理厂污染物排放标准》(GB 18918—2002)的一级 B 标准。

(2) 三套垂直流人工湿地系统中基质污染物空间分布。结果表明，基质 pH 在垂直流人工湿地中的沿程变化规律是下层＞中层＞表层，系统 1 中基质 pH 为 $7.43\sim8.74$ 之间，系统 2 中基质 pH 为 $7.47\sim8.56$ 之间，系统 3 中土壤的 pH 为 $7.74\sim8.83$ 之间。三套湿地系统中基质孔隙度不超过 25%，系统 1 与系统 2 中基质孔隙的沿程分布呈现中层＞表层＞下层的趋势，而系统 3 中基质孔隙度呈现表层＞中层＞下层的趋势。基质中 TN 的沿程分布呈现表层＞中层＞下层的趋势，表层 TN 的含量要极显著高于其他各层，种植植物的湿地基质 TN 含量要显著高于空白系统；基质 TP 与有机质所得结论与 TN 一致。TN、TP 及有机质均与深度呈极显著负相关，而与 pH 呈极显著相关性，基质中 TN，TP 与有机质三者之间都有极显著相关性。基质中表层氨氮最高，下层硝氮含量很高，三套湿地系统均有比较好的硝化作用，但反硝化作用还比较弱。

(3) 三套垂直流人工湿地基质酶的空间分布。结果表明，脲酶、磷酸酶、过氧化氢酶、转化酶活性基本表现出表层＞中层＞下层的趋势，而纤维素酶活性沿程分布无规律。相关性分析表明，脲酶、磷酸酶、过氧化氢酶、转化酶两两之间均有极显著相关性，基质间的污染含量与基质酶是有相关性的。其中，基质中的总氮、总磷、有机质、氨氮、pH 与脲酶、中性磷酸酶、过氧化氢酶以及转化酶均有极显著相关性，但都与纤维素酶没有相关性。

(4) 植物在湿地系统中对 TN，TP 的去除起到了一定的促进作用。植物组织中总氮的分布是叶＞根＞茎，总磷的分布是茎＞根＞叶，有机质的分布是叶＞根＞茎。随着系统的运行，植物生物量逐渐减小，从人工湿地中带走的污染物量也逐渐减小。植物除直接吸收外，还促进其他反应的进行。

参考文献

[1] 国家环境保护总局，水和废水监测分析方法编委会. 水和废水监测分析方法[G]. 中国环境科学出版社，2002.

[2] 鲍士旦. 土壤农化分析(第三版)[M]. 北京：中国农业出版社，2000.

[3] 关松荫. 土壤酶及其研究方法[M]. 北京：农业出版社，1986.

[4] 关伟，肖莆，周晓铁，等. 人工湿地脱氮技术研究进展[J]. 环境科学导刊，2009，28(04)：13-16.

[5] Tanner C C. Plants as ecosystem engineers in subsurface-flow treatment wetlands[J]. Water Science & Technology, 2001,44(11-12):9-17.

［6］Stottmeister U，Wie Ner A，Kuschk P，et al. Effects of plants and microorganisms in constructed wetlands for wastewater treatment[J]. Biotechnology Advances，2003,22(1－2):93－117.

［7］张雪琪,吴晖,黄发明,等.不同植物人工湿地对生活污水净化效果试验研究[J].安全与环境学报,2012,12(03):19－22.

［8］李林锋,年跃刚,蒋高明.植物吸收在人工湿地脱氮除磷中的贡献[J].环境科学研究,2009,22(03):337－342.

［9］曾梦兆,李谷,吴恢碧,等.植物收割对人工湿地基质酶活性的影响[J].淡水渔业,2008(02):51－53.

［10］张军,周琪,何蓉.表面流人工湿地中氮磷的去除机理[J].生态环境,2004(01):98－101.

［11］陈丽丽.人工湿地基质脱氮除磷效果研究[D].保定:河北农业大学,2012.

［12］张翔凌.不同基质对垂直流人工湿地处理效果及堵塞影响研究[D].北京:中国科学院研究生院(水生生物研究所),2007.

［13］孙光,马永胜,赵冉.不同植物人工湿地对污水的净化效果[J].生态环境,2008,17(6):2192－2194.

［14］张翔凌,吴振斌,武俊梅,等.不同基质高负荷垂直流人工湿地水力特性研究[J].武汉理工大学学报,2008(07):79－83.

［15］叶建锋.垂直潜流人工湿地中污染物去除机理研究[D].上海:同济大学,2007.

［16］Stroem L. Root exudation of organic acids：importance to nutritent availability and the calcifuge and calcicole behaviour of plants [Deschampsia flexuosa，viscaria vulgaris，Sanguisorba minor，Gypsophila fastigata][J]. Oikos，1997.

［17］刘树元,阎百兴,王莉霞.潜流人工湿地中氮磷污染物净化的分层效应研究[J].环境科学,2011,32(03):723－728.

［18］卢少勇,桂萌,余刚,等.人工湿地中沸石和土壤的氮吸附与再生试验研究[J].农业工程学报,2006(11):64－68.

［19］董娜,宋光武,王凯军.复合垂直流湿地有机物和氮的去除机制研究:中国机械工程学会环境保护分会第四届委员会第一次会议,中国河南郑州,2008[C].

［20］赵锦辉.潜流人工湿地基质与污水磷素去除关系研究[D].扬州:扬州大学,2007.

［21］Olsen S R，Watanabe F S. A Method to Determine a Phosphorus Adsorption Maximum of Soils as Measured by the Langmuir Isotherm [J]. Soil Science Society of America Journal，1957，21:144－149.

［22］张士萍.崇明东滩不同类型湿地土壤生物活性差异性分析及其相关性研究[D].上海:同济大学,2008.

［23］李志国.人工湿地干湿变化对景观水净化效果的影响[D].西安:西安理工大学,2009.

［24］张洪刚.人工湿地及湿地植物对生活污水净化效果的研究[D].北京:首都师范大学,2006.

［25］吕钊彦.薏米人工湿地基质中Cr形态分布特征及微生物量的研究[D].南宁:广西大学,2013.

［26］杨文英,邵学新,梁威,等.杭州湾湿地土壤酶活性分布特征及其与活性有机碳组分的关系[J].湿地科学与管理,2011,7(02):54－58.

［27］江福英,陈昕,罗安程.几种植物在模拟污水处理湿地中根际微生物功能群特征的研究[J].农业环境科学学报,2010,29(04):764－768.

［28］叶淑红,王艳,万惠萍,等. 辽东湾湿地微生物量与土壤酶的研究[J]. 土壤通报,2006,5：897-900.

[29] 黄娟,王世和,鄢璐,等.潜流型人工湿地的脲酶活性分布特性[J].东南大学学报(自然科学版),2008 (01):166-169.

[30] 郭明,陈红军,王春蕾.4种农药对土壤脱氢酶活性的影响[J].环境化学,2000(06):523-527.

[31] 曾永刚.人工湿地对微污染水中污染物去除特征研究[D].重庆:重庆大学,2010.

[32] 何起利,梁威,贺锋,等.复合垂直流人工湿地基质氧化还原酶活性研究[J].应用与环境生物学报, 2008(01):94-98.

[33] Sun R L, Zhao B Q, Zhu L S, et al. Effects of long-term fertilization on soil enzyme activities and its role in adjusting-controlling soil fertility[J]. Plant Nutrition and Fertilizing Science, 2003,9(4): 406-410.

[34] 杨苛.人工湿地植物的筛选及试验研究[D].广西:广西大学,2007.

[35] 刘慎坦,王国芳,谢祥峰,等.不同基质对人工湿地脱氮效果和硝化及反硝化细菌分布的影响[J].东 南大学学报(自然科学版),2011,41(02):400-405.

[36] Saeed T, Sun G. A lab-scale study of constructed wetlands with sugarcane bagasse and sand media for the treatment of textile wastewater[J]. Bioresource Technology, 2013,128.

[37] 尹士君,汤金如.人工湿地中植物净化作用及其影响因素[J].煤炭技术,2006(12):115-118.

[38] 袁林江,韩瑞瑞,韩玮.间歇进水复合垂直流人工湿地的净化特性研究[J].西安建筑科技大学学报 (自然科学版),2008(04):521-526.

[39] 叶建锋,徐祖信,李怀正.垂直潜流人工湿地堵塞机制:堵塞成因及堵塞物积累规律[J].环境科学, 2008(06):1508-1512.

[40] 牛晓音,樊梅英,常杰,等.人工湿地运行过程中有机物质的积累[J].生态学报,2002(08):1240-1246.

[41] 崔伟,张勇,黄民生.复合垂直流人工湿地脲酶和磷酸酶活性与黑臭河水净化效果[J].安徽农业科 学,2011,39(13):8016-8018.

[42] 冯紫媛.湿地植物及根际微生物净化污水过程中脲酶和磷酸酶的初步研究[D].青岛:中国海洋大 学,2013.

[43] 蒋跃平,葛滢,岳春雷,等.人工湿地植物对观赏水中氮磷去除的贡献[J].生态学报,2004(08):1720-1725.

第7章　垂直流人工湿地堵塞成因研究

7.1　引言

　　人工湿地(constructed wetlands，CW)是一种成熟的处理技术,处理效果好,成本低[1]。然而,堵塞已成为人工湿地运行中不可避免的重要问题[2,3],这也是影响湿地可持续去污的主要因素之一[4]。堵塞问题严重制约了人工湿地的推广应用。因此,研究人工湿地的堵塞机理以及堵塞对目标污染物去除的影响,对于人工湿地的科学运行和管理具有现实意义。根据人工湿地的流型不同,可将其分为三种类型:表层流人工湿地、潜流人工湿地和垂直流人工湿地。垂直流人工湿地(vertical flow constructed wetlands，VFCW)因占地面积小、输氧能力强而在污水处理中得到广泛应用,对有机污染物的去除效果较好[5]。然而,在实际应用过程中,VFCW更容易出现堵塞。基质堵塞会严重阻碍氧气的输送,导致有效孔隙减少,从而导致污染去除效果降低[6,7]。孔隙度可作为基质堵塞的指标[8]。结果表明,人工湿地堵塞机制一般分为三个方面:物理、化学和生物。Tanner发现,人工湿地的堵塞主要是由于基质10 cm以上表层有机物的堆积。但研究发现,造成人工湿地堵塞的主要原因是基质层中未过滤物质的积累[9]。为了找出VFCW堵塞的原因以及堵塞对污染物去除的影响,本实验模拟了两种垂直流人工湿地(VFCW)。实验湿地不种植湿地植被,以消除植物根系在基质中的干扰。两个湿地的主要填充物为河沙。将生物炭混合在CW-B体系表面,CW-C为对照(不含生物炭)。实验比较了两种湿地的去污效果差异、不同基质层间的物质积累,以及两种湿地与回水面积的关系。确定了VFCW堵塞的主要因素以及堵塞对湿地COD,TN,TP去除效果的影响,并在此基础上寻求相应的缓解措施。

7.2　材料与方法

7.2.1　人工湿地的构建

　　实验构建两个模拟垂直流人工湿地。湿地构筑物尺寸为88 cm × 67 cm ×65 cm(长度×宽度×高度),自下而上依次铺设 15 cm 的砾石块,30 cm 的河砂,20 cm 的布水区。系统于 2020 年 9 月 13 日开始正式运行,采用计量水泵灌水,水力负荷为 10 cm/d,系统共运行 134 d。每周检测一次水质指标。

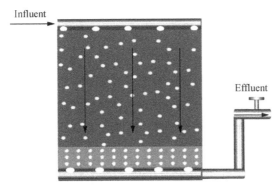

图 7.1　湿地剖面图

7.2.2　进水水质

进水水质见表 7.1。

表 7.1　进水水质

水质指标	TN /(mg/L)	TP /(mg/L)	DO /(mg/L)	SS /(mg/L)	PH 值	ORP /(mV)	$NH_4^+ - N$ /(mg/L)	COD /(mg/L)
CW	33.91~40.73	5.59~6.21	7.09~12.21	239.00~290.00	7.30~7.96	−56.40~−23.40	16.42~41.46	238.03~504.25

7.2.3　指标检测方法

1. 基质孔隙度检测

取垂直流人工湿地中 0~10 cm,10~20 cm,20~30 cm 出的基质各 10 mL(V),烘干后称重(m_s),根据以下公式计算:

$$n = 1 - \frac{\rho d}{G_s \cdot \rho_w} \tag{7.1}$$

式中:G_s 为基质比重;ρ_w 为 4 ℃时蒸馏水的密度;ρ_d 为干密度,$\rho_d = m_s/V$;m_s 为烘干基质的质量;V 为基质的体积。

基质比重采用比重瓶法测定:事先将烘干的比重瓶注满蒸馏水,称瓶加水的质量。再将烘干基质若干克装入比重瓶中,注满蒸馏水,称瓶加基质加水的质量,按下列式子计算:

$$G_s = \frac{m_s}{m_1 + m_s - m_2} \tag{7.2}$$

式中:m_1 为瓶加水的质量;m_2 为瓶加基质加水的质量。

113

2. 基质截留物质检测

基质中不可滤物质的测定方法[10]：从垂直流人工湿地基质层中 0～10 cm，10～20 cm，20～30 cm 处取出一定量的基质，用 200 mL 水轻轻冲洗，然后用滤膜法测定水溶液中基质截留有机物含量，计算方法如下：

总固体重(取 25 mL 水溶液蒸干)＝可滤有机物＋不可滤有机物＋可滤无机物＋不可滤无机物；总固体灼烧后重(600 ℃ 灼烧)＝可滤无机物＋不可滤无机物；溶解性固体重(水溶液于 0.45 μm 过滤后取 25 mL 蒸干)＝可滤有机物＋可滤无机物；溶解性固体灼烧后重(600 ℃ 灼烧)＝可滤无机物。其中，基质间物质总含量即为总固体重，不可滤物质含量包括不可滤有机物和不可滤无机物，有机物质含量包括可滤有机物和不可滤有机物。

3. 生物量和基质酶的检测

(1) 生物量测定。培养：取垂直流人工湿地中 0～10 cm，10～20 cm，20～30 cm 处取一定量的基质置于 100 mL 具塞三角瓶中，加入氯仿，甲醇和水的萃取液(体积比 1∶2∶0.8)19 mL，置于振荡箱中振摇 10 min，静置 12 h。向三角瓶中加入氯仿和水各 5 mL，使得最终氯仿∶甲醇∶水为 1∶1∶0.9，静置 12 h。然后按照钼酸铵分光光度法测定，取出含有脂类组分的下层氯仿相 5 mL，转移至 10 mL 的具塞刻度试管中，水浴蒸干。向试管中加入 0.8 mL 5% 的过硫酸钾溶液，并加水至 10 mL，在高压蒸汽灭菌锅中 121 ℃ 消解 30 min。然后进行显色试验，同时作标准曲线。

(2) 基质酶活性测定。过氧化氢酶采用高锰酸钾滴定法；磷酸酶采用磷酸苯二钠比色法测定。

4. 水质指标的检测

TN，TP，COD 和 $NH_4^+ - N$ 采用国标法测定[10]。

7.2.4 数据分析

利用 Excel 2007 和 SPSS(IBM) 26.0 软件计算相关分析的平均值和标准误差。采用 Duncan 法对多重比较进行分析比较。本书的统计分析重复为绝对采样重复。

7.3 结果分析

1. 积水面积与基质各物质间的关系

随着湿地系统的运行，系统的基质表面会有不同程度的积水，积水面积、基质间总固体平均含量、不可滤物质、有机物含量见表 7.2。

表 7.2　人工湿地表面积水状况及基质间各物质平均含量

系统	积水面积/m²	总固体含量/(g/m³)	不可滤物质含量/(g/m³)	有机物含量/(g/m³)
CW-B	0.589	136.4±2.66ᵃ	116.4±2.66ᵃ	49.1±8.44ᵃ
CW-C	0.236	112.0±2.40ᵇ	80.6±7.42ᵇ	56.6±2.40ᵃ

注：a、b 代表系统之间的差异性。

表 7.3　人工湿地表面积水状况与基质间各物质含量的相关分析

积水面积	总固体含量	不可滤物质含量	有机物质含量
皮尔逊相关性	0.957**	0.915*	−0.397
Sig（双尾）	0.003	0.011	0.435

注：** 代表极显著差异，* 代表显著差异。

通过表 7.2 可以看出，表层基质里添加生物炭的湿地（CW-B）中总固体含量和不可滤物质含量显著高于对照系统（CW-C），两个系统中有机物含量相差不大。表 7.3 中相关分析得知总固体含量与湿地积水面积呈现极显著相关（$P=0.003<0.01$），不可滤物质含量与积水面积呈现显著相关（$P=0.011<0.05$），说明总固体含量和不可滤物质含量是垂直流人工湿地基质堵塞的重要原因。这一结果与之前研究发现造成人工湿地堵塞的成因主要是基质层中不可滤物质的积累这一研究结果相似[9]。

根据拟合分析得出在该实验中的垂直流人工湿地中，总固体含量、不可滤物质含量与积水面积的相关关系式分别为

$$y=96.8+67.23x \quad (R^2=0.916) \tag{7.3}$$

$$y=56.777+101.22x \quad (R^2=0.837) \tag{7.4}$$

式中：y 为总固体含量；x 为基质积水面积（m²）。

(7.4)式中：y 为不可滤物质含量；x 为基质积水面积（m²）。从式（7.3）和式（7.4）中可以看出每立方米基质中总固体含量与不可滤物质含量分别超过 67.23 g 和 101.22 g 时，基质会出现积水现象。

2. 垂向基质间物质分布

表 7.4　人工湿地中垂向基质间各物质的含量

物质	CW-B			CW-C		
	0~10 cm	10~20 cm	20~30 cm	0~10 cm	10~20 cm	20~30 cm
生物量 /(nmolP/g)	591.53± 112.12ᵃ	94.44± 4.07ᵇ	67.31± 9.40ᵇ	257.27± 59.92ᵃ	114.80± 10.77ᵇ	75.45± 10.24ᵇ
可滤有机物 /(g/mL)	0.005 3± 0.002ᵃᵇ	0.006 7± 0.002ᵃ	0.004 0± 0.004ᶜ	0.033 0± 0.013ᵃ	0.012± 0.004ᶜ	0.021± 0.002ᵃᵇ

物质	CW - B			CW - C		
	0~10 cm	10~20 cm	20~30 cm	0~10 cm	10~20 cm	20~30 cm
可滤无机物 /(g/mL)	0.014 7± 0.002[a]	0.013 3± 0.002[a]	0.012 0± 0.001[ab]	0.009 3± 0.002[a]	0.009 7± 0.002[a]	0.009 0± 0.003[a]
不可滤有机物 /(g/mL)	0.026 1± 0.009[b]	0.060 0± 0.030[a]	0.0120± 0.004[c]	0.016 0± 0.014[c]	0.052 0± 0.011[a]	0.032 0± 0.004[b]
不可滤无机物 /(g/mL)	0.060 0± 0.004[b]	0.086 7± 0.042[a]	0.048 0± 0.007[c]	0.037 3± 0.005[b]	0.056 0± 0.004[a]	0.038 7± 0.006[b]
总固体含量 /(g/mL)	0.106 1± 0.009[b]	0.166 7± 0.015[a]	0.076 0± 0.004[c]	0.096 0± 0.004[b]	0.129 3± 0.006[a]	0.101 3± 0.002[b]

注:表格中 a,b,c 代表各个湿地系统中不同基质层之间的物质的显著性差异。

从表 7.4 中得知,从不同系统角度看,发现 CW - B 系统中 0~10 cm 层中的生物量、可滤无机物、不可滤有机物、不可滤无机物和总固体含量都比 CW - C 系统中同一层次的各物质含量高,说明添加合成生物炭基质球有利于截留吸附各种有机物和无机物,有利于生物膜在基质表面附着生长。从同一系统不同层次看,发现 CW - B 和 CW - C 中不可滤有机物、不可滤无机物和总固体含量都表现出 10~20 cm 层含量最高,且与其他两层(0~10 cm 和 20~30 cm)呈现显著差异。说明该实验的垂直流人工湿地系统中不可滤物质主要集中在 10~20 cm 层,证明 10~20 cm 层次更容易发生基质堵塞。图 7.2 也验证了此猜测,从图中看出,两个系统的 10~20 cm 层孔隙度在三个层次中最低,且显著低于 0~10 cm 层。

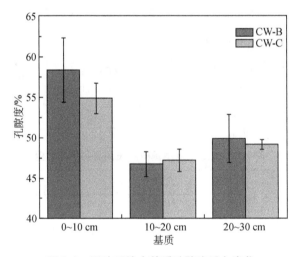

图 7.2 湿地系统中基质孔隙度垂向变化

3. 湿地系统中污染物去除效果变化

随着系统运行,11 月 21 号 CW-B 出现上层基质完全雍水,CW-C 仅出现小面积雍水。从图 7.3 中可看出 CW-B 和 CW-C 中 TN 的平均去除率分别为 23.8%,20.8%;COD 的平均去除率皆大于 77%;TP 的平均去除率分别为 29.5%,26.8%。实验中添加生物炭基质的 CW-B 在 TN、TP 的去除效果高于不添加生物炭基质的对照系统 CW-C。两个系统从 11 月 21 号出现不同程度堵塞,该实验中堵塞对 COD 的去除影响不大,直到实验结束,堵塞严重的 CW-B 系统中 COD 去除率仍高达 87.2%,CW-C 中 COD 去除率为 71.8%。堵塞对 TP 去除影响最大,实验结束时(1 月 24 号),CW-B 系统已经严重堵塞 2 个月,堵塞面积为 0.589 m^2,CW-C 系统为部分堵塞,堵塞面积为 0.236 m^2。堵塞程度严重、堵塞时间更长的 CW-B 系统中 TP 平均去除率高于 CW-C 系统中 TP 的平均去除率,1 月 24 号 CW-B 中 TP 去除率为 4%,CW-C 中 TP 去除率为-9.8%。

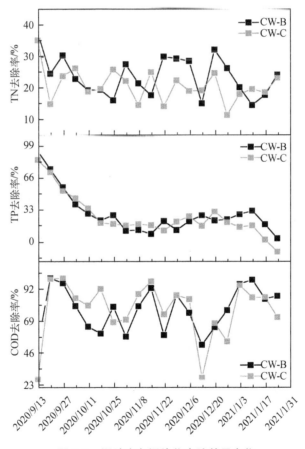

图 7.3　湿地中各污染物去除效果变化

4. 基质中有机质累积特点

两个系统基质中有机质空间分布如图 7.4 所示，两个系统运行末期基质中有机质含量分布都表现为上层＞中层＞下层，且上层含量显著高于其他两层含量，表明有机物质的截留吸附主要发生在上层基质场所中。系统 CW－C 中有机质含量＞CW－B 系统中的有机质含量。

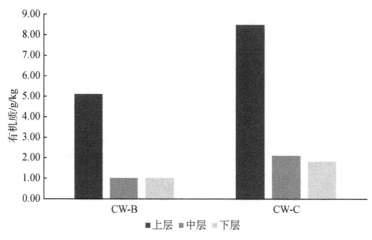

图 7.4　有机质空间分布图

表 7.5　不同层次中有机质含量的差异分析

层次	个案数	Alpha 的子集 ＝ 0.05	
		1	2
中层	6	1.409 03	—
下层	6	1.514 58	—
上层	6	—	6.906 24
显著性	—	0.969	1.000

5. 基质中腐殖质累积特点

两个系统基质中腐殖质空间分布如图 7.5 所示，腐殖质累积规律与有机质累积特点相似，两个系统运行末期基质中腐殖质含量分布都表现为上层＞中层＞下层，且上层含量显著高于其他两层含量，表明腐殖质的截留吸附主要发生在上层基质场所中。系统 CW－C 中腐殖质含量大于 CW－B 系统中的腐殖质含量

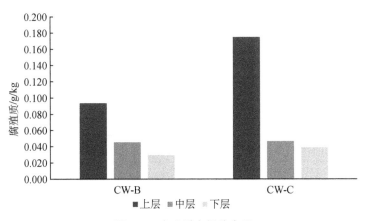

图 7.5 腐殖质空间分布图

表 7.6 不同层次中腐殖质含量的差异分析

层次	个案数	Alpha 的子集 = 0.05	
		1	2
下层	6	0.033 75	—
中层	6	0.045 40	—
上层	6	—	0.132 98
显著性	—	0.057	1.000

6. 基质中孔隙度大小

结合图 7.2 和表 7.7 发现两个系统中三个层次中孔隙度大小依此为上层>下层>中层,中层的孔隙度最小,可能因为随水流动方向的影响,实验中不可滤物质主要积累在中层。且上层孔隙度最大,与其他两层出现显著性差异。大量研究证实孔隙度可以作为评价堵塞的重要参数,通过孔隙度与有机质和腐殖质含量的相关分析(见表 7.8),发现有机质和腐殖质与孔隙度都呈现极显著正相关,说明有机质和腐殖质累积不是造成基质堵塞的原因。

表 7.7 不同层次中孔隙度大小的差异分析

层次	个案数	Alpha 的子集 = 0.05	
		1	2
中层	6	46.877 33	—
下层	6	49.472 33	—
上层	6	—	54.896 67
显著性	—	0.132	1.000

表 7.8 孔隙度、有机质和腐殖质之间相关分析

项目类别	相关性	孔隙度	有机质	腐殖质
孔隙度	皮尔逊相关性	1	0.913**	0.909**
	Sig.（双尾）	—	0.001	0.001
	个案数	9	9	9
有机质	皮尔逊相关性	0.913**	1	0.996**
	Sig.（双尾）	0.001	—	0.000
	个案数	9	9	9
腐殖质	皮尔逊相关性	0.909**	0.996**	1
	Sig.（双尾）	0.001	0.000	—
	个案数	9	9	9

注：** 表示在 0.01 级别（双尾），相关性显著。

7. 各要素曲线拟合结果

分别对有机质、腐殖质和孔隙度关系进行拟合，发现有机质和孔隙度（$R^2=0.694$）、腐殖质和孔隙度（$R^2=0.690$）之间更符合三次方程关系，详情见表 7.9 和表 7.10。

表 2.9 孔隙度和有机质之间关系拟合

方程	模型摘要					参数估算值			
	R^2	F	自由度 1	自由度 2	显著性	常量	b_1	b_2	b_3
线性	0.616	25.622	1	16	0.000	47.002	1.054		
对数	0.581	22.227	1	16	0.000	47.463	3.490		
逆	0.413	11.272	1	16	0.004	54.111	−6.570		
二次	0.639	13.290	2	15	0.000	45.680	2.058	−0.108	
三次	0.694	10.601	3	14	0.001	50.067	−2.885	1.189	−0.091
复合	0.605	24.497	1	16	0.000	47.048	1.021		
幂	0.571	21.316	1	16	0.000	47.474	0.068		
S	0.405	10.910	1	16	0.004	3.990	−0.128		
增长	0.605	24.497	1	16	0.000	3.851	0.021		
指数	0.605	24.497	1	16	0.000	47.048	0.021		
Logistic	0.605	24.497	1	16	0.000	0.021	0.980		

表 7.10　孔隙度和腐殖质之间关系拟合

方程	模型摘要					参数估算值			
	R^2	F	自由度 1	自由度 2	显著性	常量	b_1	b_2	b_3
线性	0.532	18.168	1	16	0.001	46.672	52.636		
对数	0.534	18.311	1	16	0.001	63.012	4.426		
逆	0.426	11.895	1	16	0.003	55.507	−0.254		
二次	0.579	10.307	2	15	0.002	43.521	144.300	−442.692	
三次	0.690	10.367	3	14	0.001	57.960	−488.082	7 094.828	−25 085.642
复合	0.521	17.409	1	16	0.001	46.752	2.785		
幂	0.521	17.386	1	16	0.001	64.221	0.086		
S	0.413	11.260	1	16	0.004	4.016	0.005		
增长	0.521	17.409	1	16	0.001	3.845	1.024		
指数	0.521	17.409	1	16	0.001	46.752	1.024		
Logistic	0.521	17.409	1	16	0.001	0.021	0.359		

8. 湿地系统中酶活性

实验结束后 CW - B、CW - C 系统中磷酸酶、脲酶和过氧化氢酶活性分别为 0.89 mg/(100 g · 24 h),1.11 mg/(100 g · 24 h),0.15 mL/(g · 20 min)和 0.33 mg/(100 g · 24 h),0.93 mg/(100 g · 24 h),0.10 mL/(g · 20 min),系统 CW - B 中的酶活性整体比 CW - C 系统中的高。

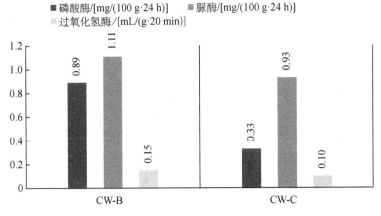

图 7.6　湿地中酶活性变化

7.4 讨论

7.4.1 垂直流人工湿地堵塞成因分析

该实验中 CW-B 和 CW-C 系统中的主要基质为河沙,粒径范围 0.25～0.35 mm,其中 CW-B 系统的表层基质中添加了生物炭基质,生物炭基质粒径范围约 0.5～1.0 cm。随着湿地运行,CW-B 的堵塞面积显著大于 CW-C 的堵塞面积,究其原因发现 CW-B 中总固体含量和不可滤物质量都显著高于 CW-C 中的含量,在运行条件相同的情况下造成如此差异,可能是因为 CW-B 中添加了生物炭基质。有研究证明,在湿地中添加生物炭,尽管处理效果较好,但更容易引起堵塞,此结论与该实验结果类似。通过孔隙度来评估堵塞情况发现 CW-B 和 CW-C 系统中 0～10 cm 层孔隙度显著高于其他两层,10～20 cm 层基质孔隙度最小,说明造成堵塞的主要物质主要集中在 10～20 cm,该结果与叶建峰[9]利用河沙作为基质的研究结果大致一致。此实验结果证实了在以河沙为主要基质的垂直流人工湿地中,10～20 cm 层为主要堵塞部位。因此,笔者认为在以河沙为主要基质的垂直流人工湿地中,10～20 cm 层的基质粒径可适当增大,可延长该基质层的堵塞出现时间。

7.4.2 垂直流人工湿地堵塞后对污染物去除效果影响

从表 7.4 中发现 CW-B 系统中 0～10 cm 层中的生物量含量为 591.53 nmolP/g,比 CW-C 系统中 0～10 cm 层中 257.27 nmolP/g 的生物量高出 334.26 nmolP/g,说明添加合成生物炭基质有利于生物膜在基质表面附着生长。该实验中 CW-B 系统堵塞更严重、时间更久,但是 CW-B 系统中的 COD、TN、TP 平均去除率都略高于 CW-C 系统,造成这种结果的原因可能是 CW-B 系统中添加了生物炭基质,有利于微生物附着生长,利于污染物截留吸附。实验中 CW-B 和 CW-C 去除 COD 效果较好,即使两个系统都出现堵塞情况,COD 的平均去除率都大于 77%,说明湿地基质堵塞对 COD 去除效果影响不大;两个系统中 TN 的平均去除率分别为 23.8%,20.8%。整体去除率偏低,究其原因是 TN 的降解主要靠生物的硝化和反硝化过程[11],其中反硝化是氮完全去除的主要途径,该实验中两个系统中溶解氧平均含量都大于 3 mg/L,从而导致两个系统的 TN 平均去除率整体偏低。该实验中,CW-B 系统堵塞时间比 CW-C 的堵塞时间更长,但是 CW-B 中 TP 的平均去除率更高,究其原因可能有两点:(1)CW-B 系统中上层生物膜含量比 CW-C 中含量高 334.26 nmolP/g,微生物量更大,需要获取更多磷源;(2)CW-B 系统中 0～10 cm 基质层中含磷量显著高于 CW-C 系统中含量,添加生物炭更利于表层基质磷的吸附截留。

7.4.3 垂直流人工湿地有机质、腐殖质和孔隙度关系

两个系统中有机质和腐殖质都表现出一致变化：上层＞中层＞下层，且上层都显著高于中层和下层，说明有机质和腐殖质的累积主要发生自垂直流人工湿地中上层基质场所，这与以往的研究结果类似[5]。同时通过对三者之间相关性进行分析以及三者关系拟合，得知有机质和腐殖质含量是造成孔隙度变小或者引起基质堵塞的原因，也验证了之前的研究：基质堵塞可能主要是因为不可滤物质的累积造成，该实验中，不可滤物质主要积累在中层。

7.4.4 垂直流人工湿地堵塞后的酶活性变化

系统 CW-B 和系统 CW-C 中的脲酶、磷酸酶和过氧化氢酶都表现出一致规律，统 CW-B 大于系统 CW-C，究其原因可能是生物炭的添加，更有利于微生物在基质层附着繁殖。系统堵塞后两个系统中磷酸酶、脲酶和过氧化氢酶活性范围分别为 $0.33 \sim 0.89 \ mg/(100 \ g \cdot 24 \ h)$、$0.93 \sim 1.11 \ mg/(100 \ g \cdot 24 \ h)$、$0.10 \sim 0.15 \ mL/(g \cdot 20 \ min)$ 比之前酶活性的研究低一个数量级[11]，从酶活性角度看堵塞会降低相关酶活性，尽管在该实验中 COD 的去除率变化不大，但从长远看仍然会影响 COD 的降解，因为在湿地中 COD 降解主要依靠微生物分解作用。

7.5 结论

（1）在垂直流人工湿地中添加生物炭可以提高湿地对氮、磷的去除效果，但更容易造成基质堵塞。因此，研究生物炭在后期的投加量和形态，对于提高湿地的去除效果、缓解堵塞具有现实意义。

（2）通过对堵塞原因的分析，垂直流人工湿地中总固体和不过滤物质的含量是堵塞的重要原因，非过滤型无机物的积累程度较非过滤型有机物明显，主要集中在 $10 \sim 20 \ cm$ 层。因此，污水预处理去除部分总固体和不可过滤物质对避免湿地堵塞具有重要作用；科学分配基材粒径，在 $10 \sim 20 \ cm$ 层内适度增加基材粒径，可有效缓解基材堵塞，延长 VFCW 中基材堵塞的发生时间。

（3）在以河沙为主要基质的垂直流人工湿地中，每立方米基质中总固体物质含量超过 $67.233 \ g$，非过滤物质含量超过 $101.228 \ g$ 时，会发生积水。堵塞对 COD 的去除率影响不大，对 TP 的去除率影响较大，但是长期堵塞会降低磷酸酶、脲酶和过氧化氢酶活性；堵塞主要发生在 $0 \sim 20 \ cm$ 处。与对照湿地（CW-C）相比，添加生物炭的 CW-B 生物量含量增加了 $334.26 \ nmolP/g$，提高了 TN 和 TP 的去除效率，但也增加了垂直流人工湿地堵塞的风险。未来的研究应尽量结合生物炭人工湿地的抗堵塞研究成果，提高净化效果，这对

促进人工湿地的可持续发展具有重要意义。

参考文献

［1］ Vymazal J. Does clogging affect long-term removal of organics and suspended solids in gravel-based horizontal subsurface flow constructed wetlands? ［J］. Chemical Engineering Journal，2018，331：663 - 674.

［2］ Keng T S，Samsudin M F R，Sufian S. Evaluation of wastewater treatment performance to a field-scale constructed wetland system at clogged condition：A case study of ammonia manufacturing plant ［J］. Science of The Total Environment，2021，759：143489.

［3］ Wang H，Sheng L，Xu J. Clogging mechanisms of constructed wetlands：A critical review［J］. Journal of Cleaner Production，2021，295：126455.

［4］ Zhou X，Chen Z，Li Z，et al. Impacts of aeration and biochar addition on extracellular polymeric substances and microbial communities in constructed wetlands for low C/N wastewater treatment：Implications for clogging［J］. Chemical Engineering Journal，2020，396：125349.

［5］ Xu Q，Cui L. Removal of COD from synthetic wastewater in vertical flow constructed wetland［J］. Water environment research，2019，91(12)：1661 - 1668.

［6］ Zhao L，Zhu W，Tong W. Clogging processes caused by biofilm growth and organic particle accumulation in lab-scale vertical flow constructed wetlands［J］. J Environ Sci (China)，2009，21(6)：750 - 757.

［7］ Aiello R，Bagarello V，Barbagallo S，et al. Evaluation of clogging in full-scale subsurface flow constructed wetlands［J］. Ecological Engineering，2016，95：505 - 513.

［8］ Matos M P，von Sperling M，Matos A T，et al. Clogging in constructed wetlands：Indirect estimation of medium porosity by analysis of ground-penetrating radar images［J］. Science of The Total Environment，2019，676：333 - 342.

［9］ 叶建锋，徐祖信，李怀正. 垂直潜流人工湿地堵塞机制：堵塞成因及堵塞物积累规律［J］. 环境科学，2008(06)：1508 - 1512.

［10］环境保护局. 水和废水监测分析方法［M］. 北京：中国环境科学出版社，1989.

［11］许巧玲，王小毛，黄柱坚，等. 垂直流人工湿地启动期基质酶的时空变化［J］. 环境工程学报，2016，10(05)：2239 - 2244.

附录1　几种湿地植物净化生活污水的效果比较[①]

许巧玲，崔理华

摘要：本实验通过水培实验研究了水葫芦、美人蕉、花叶芋、剑兰和万寿菊五种植物对生活污水的净化效果。结果表明，五种植物对于污水都有一定的降解能力，五种植物对 TN 的去除率分别为 34.1%，29.7%，28.2%，30.2%，33.1%，比对照分别提高了 16.4%，12%，10.5%，14.5%，15.4%。其中水葫芦和万寿菊对污水的降解效果明显，在人工土柱运行实验中水葫芦对 COD，TN，TP 的降解率比对照提高了 25.3%，16.4%，19.4%。万寿菊对 COD，TN，TP 的降解率比对照提高了 11.2%，15.4%，6.7%。

关键词：水培实验，人工土柱，COD，总氮，总磷，降解率

1.1　前言

人工湿地作为一种很有前景的废水修复处理技术，这种技术可利用土壤，植物，微生物来降解废水中的污染物[1,2]。近年来，大量的人工湿地被成功地应用在处理生活污水方面[3,4]。人工湿地的处理机理比较复杂，其中水生植被系统起着很重要的作用，植物根系的新陈代谢作用产生的残留物提高了土壤的有机质，为土壤微生物提供充足的养分使微生物大量繁殖，同时植物根系的呼吸作用使根际小环境既有好氧区又有厌氧区，使得微生物种类大大增加[5]，而好氧区和厌氧区的交替，促进湿地生态系统的硝化和反硝化作用进行，强化去净化能力[6,7]；早期湿地植物的研究主要是芦苇、香蒲等生物量较大的水生植物，有学者认为，选择当地优势植物，突出生物多样性是提高湿地净化能力的关键措施[8]，刘建彤等[9]认为废水处理系统植物的选择应考虑耐水性强和高氮负荷，通常选用芦苇、香蒲、灯芯草、田矛等植物；日本的田佃真佐子发现湿地栽植芦苇对河流的脱氮除磷效果；崔理华等[10]在人工湿地上栽植水花生和紫云英都能增加对氮磷的处理；袁东海等[11]发现石菖蒲对污水净化的效果较好，本实验在前人的基础上选择 5 种常见的均有喜肥耐水特性、有一定观赏价值的植物水葫芦、美人蕉、花叶芋、剑兰和万寿菊通过水培实验筛选出处埋

---

①　本文发表于《安徽农业科学》，2014，42(01)。

污水效果较好的两种植物,然后结合人工土柱模拟人工湿地,净化生活污水,为控制水体污染和水体富营养化提供理论基础。

1.2 材料与方法

1.2.1 供试材料

供试植物:水葫芦、美人蕉、花叶芋、剑兰、万寿菊。

供试污水:教学楼的化粪池出水模拟城市生活污水,主要水质列于下表1.1。

表1 供试污水水质情况 单位:mg/L

COD	BOD_5	$NH_4^+ - N$	SS	TN	TP	PH 值
116～597	54～155	52～157	93	70～166	6～25	6～7

供试土柱:内装草炭、砂和耕层土以一定的配比混合的人工土的6英寸PVC管6根,土层厚度为80 cm,土柱体积为9.04 L,底部为10 cm的砾石层,将土柱竖直放入铁架中固定,人工土柱的主要性状如表1.2所示。

表1.2 人工土柱的主要性状

物理性质		化学性质	
PH 值	6.7～7.1	阳离子交换量/(meq/g)	0.0653
容重/(g/cm³)	1.26	有机质%	3.79
比重/(g/cm³)	2.47	全氮%	0.126
含水率/%	1.71	全磷%	0.151

1.2.2 实验方案设计

挑选5种植物个体重量接近的植株固定插入盛有1.5 L生活污水的塑料盆中,每两天取20 mL水测定COD,$NH_4^+ - N$,TN,TP。实验天数为10 d,对照为自然降解状况下的原污水,每种植物设置3个重复。

经筛选出对污水COD,$NH_4^+ - N$,TN,TP去除率较高的植物,将其种植到人工土柱中。以两种运行周期运行:(1)湿干比为1:5,配水周期为2 d;(2)湿干比为1:8,配水周期为3 d。两种运行周期每次灌水均为8 h,灌水速率为2.5 L/h,水力负荷分别为88.5 cm/d和59 cm/d。设置2个空白对照。运行6个月,每半个月测定出水水质,COD,$NH_4^+ - N$,TN,TP。

1.2.3　分析方法

水质采用国家环保局标准分析方法[12]。COD 采用重铬酸钾法,NH_4^+ – N 用半微量凯氏蒸馏酸滴定法,TN 用过硫酸钾紫外分光光度法,TP 用过硫酸钾钼蓝比色法。采用 Excel 2003 和 SPSS 16.0 软件对数据进行检验分析。

1.3　结果与讨论

1.3.1　植物的筛选

实验期间为了观察植物对污水的降解能力同时设置了自然降解情况下的原污水作对比。经过 10 d 的水培实验 5 种植物对污水中 COD,TN,TP 的降解能力如表 1.3 所示。用于处理污水的水葫芦、万寿菊、美人蕉对 COD 的降解效果明显,尤其是水葫芦和万寿菊与对照有显著差异,去除率分别可高达 92% 和 77.9%。这是因为两种植物的根系都很发达,能够较大吸收和同化水中有机物的结果。5 种植物在处理 TN 的效果上也有很大的提高,水葫芦、美人蕉、花叶芋、剑兰和万寿菊五种植物对 TN 的去除率分别为 34.1%,29.7%,28.2%,30.2%,33.1%,比对照分别提高了 16.4%,12%,10.5%,14.5%,15.4%。其中水葫芦和万寿菊的去除 TN 的能力最强,详情见表 1.3。

表 1.3　植物对污水的净化能力　　　　　　　　单位:mg/L

类别	原污水	对照	水葫芦	美人蕉	花叶芋	剑兰	万寿菊
COD 含量	314.73	104.86 (16.15)	25.03 (7.76)	71.81 (17.52)	91.35 (6.96)	92.95 (15.91)	69.58 (2.17)
去除量		209.86 (16.15)	289.7 (7.76)	242.91 (17.52)	223.33 (6.96)	221.77 (15.91)	245.15 (2.17)
去除率%		66.7 (8.17)	92 (3.39)	75.6 (7.85)	71 (2.96)	70.5 (9.26)	77.9 (0.98)
TN 含量	199.72	164.32 (18.97)	131.69 (2.99)	140.39 (24.81)	143.42 (9.26)	139.41 (17.94)	133.56 (21.53)
去除量		35.39 (18.97)	68.03 (2.99)	59.33 (24.81)	56.29 (9.26)	60.31 (17.94)	66.16 (21.53)
去除率%		17.7 (9.51)	34.1 (1.48)	29.7 (12.37)	28.2 (4.66)	30.2 (8.98)	33.1 (10.82)
TP 含量	12.32	8.64 (0.87)	6.25 (0.75)	6.46 (0.34)	9.62 (0.14)	10.65 (0.35)	7.81 (0.41)

类别	原污水	对照	水葫芦	美人蕉	花叶芋	剑兰	万寿菊
去除量		3.68 (0.87)	6.07 (0.75)	5.86 (0.34)	2.7 (0.14)	1.68 (0.35)	4.51 (0.41)
去除率%		19.9 (7.45)	49.3 (6.14)	47.6 (2.76)	21.9 (1.62)	13.6 (2.83)	36.6 (3.32)

注:表格中括号内为标准误。

植物对氮磷的吸收比例通常为 6:1[13]。此实验的原污水的氮磷比例较高约为16:1,因而植物对污水中的磷的去除率高于氮的去除率。从表 1.3 可以看出,水葫芦和美人蕉对 TP 的去除效果最显著,分别可高达 49.3%,47.6%。实验结束时花叶芋和剑兰污水中的 TP 含量反而高于自然降解下的污水中的 TP 含量,这是由于花叶芋和剑兰对COD 的去除效果不明显,而有机物中含有大量的氮、磷;另一方面实验期间花叶芋和剑兰的根部部分死亡腐败,而造成植物中的一部分磷释放到污水中。

为了了解各种植物对污水中污染物的降解情况及其降解规律,实验期间每隔 2 d 取一次样。经对污水中 COD 分析,由表 1.4 可以看出水葫芦和万寿菊对污水中 COD 随天数的增加不断地降低。在实验前四天每两天对 COD 的降解增量分别为 37.4%,25.8%,在实验的第五到第六天期间水葫芦对 COD 的降解能力下降,在 COD 的去除率上仅比第四天多了 3.5%。经过十天后其对 COD 的降解率可高达 89.9%。和水葫芦相似,其他植物如万寿菊、花叶芋、美人蕉、剑兰对污水中 COD 的降解情况也是相似的规律,对 COD 的降解能力前四天较后四天强,在实验的第四天到第六天之间对 COD 的降解缓慢甚至几乎不讲解,可能是因为实验中期为植物的适应时期,植物吸收有机物质的能力相对较弱,同时植物根细胞部分死亡也可造成水中的 COD 增加。

表 1.4　植物对 COD 的日累积降解率　　　　　　　单位:%

天数/d	原污水	水葫芦	美人蕉	花叶芋	剑兰	万寿菊
2	15 (7.04)	37.4 (9.61)	31.4 (9.4)	47.8 (4.0)	21 (8.56)	38.5 (9.12)
4	55.3 (11.89)	63.3 (9.2)	56 (10.89)	61.2 (1.48)	41.3 (3.46)	65.7 (15.77)
6	56.2 (0.46)	66.8 (7.35)	52.1 (14.35)	61.2 (0.49)	42.3 (0.49)	70.2 (0.49)
8	60.3 (3.79)	87.1 (4.45)	61.6 (12.87)	64 (2.47)	58.4 (0.49)	75.7 (4.87)
10	66.7 (8.17)	92 (3.93)	75.6 (7.85)	71 (2.96)	70.5 (9.26)	87.9 (0.89)

注:表格中括号内为标准误。

通过两天对污水中 TN 的测定可以看出各植物对 TN 的降解情况如表 1.5 所示。实验期间对 TN 的降解情况和对 COD 的降解规律相似,在实验的前四天和后四天降解能力较强,中间降解速率最低甚至几乎不讲解;由表 1.6 可以看出植物在十天对 TP 的降解规律,除了万寿菊降解率每天增加的幅度较大以外,其他植物对 TP 的降解规律和对 COD 和 TN 的降解规律是相似的。

表 1.5　植物对 TN 的日累计降解率　　　　　单位:%

天数/d	原污水	水葫芦	美人蕉	花叶芋	剑兰	万寿菊
2	3.87 (1.13)	15.6 (1.84)	16.6 (5.16)	14.6 (0.71)	16.8 (1.27)	18.8 (1.44)
4	5.4 (0.21)	18.9 (0.57)	17.3 (0.28)	16.9 (0.01)	18.7 (2.69)	21.7 (0.14)
6	8.3 (2.79)	19.4 (3.39)	21.9 (1.13)	18.9 (2.96)	20.1 (0.42)	22.7 (5.24)
8	11.5 (2.07)	25 (2.47)	23.8 (0.99)	23.6 (3.82)	23.7 (0.99)	26.3 (1.69)
10	17.7 (9.51)	34.1 (1.48)	29.7 (12.3)	28.2 (4.66)	30.2 (8.98)	33.1 (10.82)

注:表格中括号内为标准误。

表 1.6　植物对 TP 的日累积降解率　　　　　单位:%

天数/d	原污水	水葫芦	美人蕉	花叶芋	剑兰	万寿菊
2	5.6 (1.21)	21.9 (1.03)	28.1 (1.18)	14.1 (0.68)	0 (—)	0 (—)
4	9.6 (1.05)	34.7 (11.7)	42.5 (16.8)	17.8 (0.07)	9.5 (0.99)	13.5 (3.04)
6	13.7 (3.62)	44 (17.1)	44.6 (8.84)	18.3 (0.57)	10.1 (3.46)	23.2 (3.46)
8	20.5 (4.77)	44.2 (1.01)	45.3 (6.43)	20.4 (2.33)	11.7 (4.03)	27 (1.06)
10	29.9 (7.45)	49.3 (6.14)	47.6 (2.76)	21.9 (1.62)	13.6 (2.83)	32.6 (3.34)

注:表格中括号内为标准误。

综合以上几个方面看,植物有利于污水的净化,对 COD,TN,TP 的降解率均高于自然降解情况。水葫芦,万寿菊,美人蕉,花叶芋和剑兰对污水都有一定的降解能力,其中水葫芦和万寿菊在污水中的降解能力最高,在实验的 10 天内始终对污水有较高的降解能力。水葫芦对 COD,TN,TP 的降解率相比对照分别提高了 25.3%,16.4%,19.4%。万寿菊对 COD,TN,TP 的降解率相比对照分别提高了 11.2%,15.4%,6.7%。因此选择水葫芦和万寿菊为试验对象,将其种植到人工土柱中,进行为其六个月的运行实验。

1.3.2 植物对人工土柱出水水质的影响

经过六个月的运行实验,对人工土柱出水水质进行定期分析。结果表明:种植植物可以提高系统对污水的处理效果。以湿干比 1∶5 的土柱种植水葫芦土柱的出水 COD,BOD_5,$NH_4^+ - N$,TN,TP 比对照的 COD,BOD_5,$NH_4^+ - N$,TN,TP 去除率提高了 12.7%,10.9%,11.5%,4.1%,15.7%。而万寿菊比对照的 COD,BOD_5,$NH_4^+ - N$,TN,TP 去除率提高了16.2%,8.9%,9.2%,7.4%,11.7%。在湿干比为 1∶8 时,万寿菊可获得相对较好的出水水质,说明万寿菊在长的运行周期下能发挥其对污水的净化能力。详情见表 1.7。

表 1.7　人工土柱的处理效果(6 各月的平均值)　　　　　单位:mg/L

项目	运行周期 2 d,干湿比 1∶5					运行周期 3 d,干湿比 1∶8				
	BOD	$NH_4^+ - N$	COD	TN	TP	BOD	$NH_4^+ - N$	COD	TN	TP
进水	87.6	105	180	133	8.1	86.7	105	180	133	8.1
CK 出水	24.9	32.5	55.7	98.6	3.5	15.7	21.4	44.5	111	2
T1 出水	12.2	17.5	33.9	96.9	3	11.9	5.1	31.8	93.9	1.6
T2 出水	9.7	19.6	45.3	92.1	4.2	9.4	6.8	27.8	80.4	1.5
CK 去除率%	72.6	75.4	69.7	26.6	43.2	82	82.7	76	12.6	65.9
T1 去除率%	85.3	86.3	81.2	30.7	58.9	85.3	95.5	81.7	15.7	74.2
T2 去除率%	88.8	84.3	78.9	34	54.9	88.4	92.1	82.9	35.1	79.5

注:CK 为未种植物的人工土柱;T1 为种植水葫芦的人工土柱;T2 为种植万寿菊的人工土柱。

比较两种运行周期下人工土柱出水水质,种植植物后的人工土柱在两种运行方式下均可以获得较好的出水水质,两种运行方式在处理 COD,BOD_5 的效果相当;在对 TN 的去除上湿干比为 1∶8 的土柱则相对较差,因为对 TN 的去除是由硝化和反硝化两种反应共同完成的,1∶8 的干化时间较长相应的厌氧持续时间没有 1∶5 的时间长,所以对 TN 的去除能力较低。从处理量考虑运行时间选择周期为 2 d 的干湿比 1∶5 的运行方式不仅可以获得较好的处理效果,而且处理量更大,更为实用。

1.4　结论

(1) 五种植物对污水的处理都有一定的效果,其中水葫芦和万寿菊的效果最好。

(2) 人工土柱中种植水葫芦和万寿菊可以明显提高土柱出水水质,种植植物对土柱中

氮的反硝化和磷的固定作用有积极作用,对 COD,$NH_4^+ - N$,BOD_5 的去除率可高达 80%
左右。

(3) 在种植植物的人工土柱中运行方式上选择干湿比 1∶5 配水周期为 2 d 的运行方
式更经济,更符合对水污染的处理要求。

参考文献

[1] Kadlec R H, Knight R L, Vymazal J, et. al. Constructed Wetland for pollution control processes performance design and operation[M]. IWA publ., London, IWA scientific and technical rep, 2000,8.

[2] Vymazal J. Removal of nutrients in various types of constructed wetlands[J]. Sci. Total Environ, 2007, 380, 48 - 65.

[3] Scholz M. Wetland systems—storm water management control[M]. Berlin: Springer Verlag. 2010.

[4] Dong Y, Wilinski P, Dzakpasu M. Impact of hydraulic loading rate and season on water contaminant reductions within integrated constructed wetlands [J]. Wetlands. 2011,31, 499 - 509.

[5] 金贤国,张莘民. 植物根圈污染生态研究进展[J]. 农业生态环境. 2000, 16(3):46 - 50.

[6] 吴晓磊. 污染物质在人工湿地中的流向[J]. 中国给水排水. 1994,10(1):40 - 43.

[7] 成水平,吴振斌,况琪军. 人工湿地植物研究[J]. 湖泊科学,2002,14(2):179 - 184.

[8] Brix H. Do macrophytes play a role in constructed treatment wetlands[J]. Water Sci technol, 1997, 35(5):11 - 17.

[9] 刘建彤,丘昌强,陈珠金等. 复合生态系统工程中高效去除磷氮植被植物的筛选研究[J]. 水生生物学报, 1998, 22(1):1 - 8.

[10] 崔理华,朱夕珍,汤连茂,等. 城市污水人工快滤床与水生植物复合处理系统[J]. 中国环境科学. 2000, 20(5):432 - 435.

[11] 袁东海,任全进,高世祥,等. 几种湿地植物净化生活污水 COD,总氮效果比较[J]. 应用生态学报, 2004,15(12):2337 - 2341.

[12] 国家环保局编. 水和废水监测分析方法[M]. 北京:中国环境科学出版社. 2002.

[13] 傅金祥,马黎明,金成清,等. 污水土地处理除磷脱氮原理探讨[J]. 沈阳建筑工程学院学报. 1994,10 (1):30 - 35.

附录2 垂直流人工湿地基质中酶的空间分布与 TN、TP 和有机质含量的关系[①]

许巧玲,崔理华

摘要:为了了解垂直流人工湿地基质中酶的空间分布特点及其与基质中 TN、TP 和有机质含量的关系,本研究采用垂直流人工湿地微宇宙试验系统进行了为期 4 个月的运行试验。试验结果表明:脲酶、磷酸酶、过氧化氢酶、转化酶、蛋白酶和纤维素酶 6 种酶在表层 0～10 cm 的分布特点一致,即栽种皇竹草系统的酶活性显著高于未栽种系统的酶活性($P<0.05$),说明系统中的植物对提高基质酶活性有重要的作用。基质酶垂直方向的变化则表现为如下特点:除纤维素酶表现出随着深度的增加而减小的趋势外,其余 5 种酶都表现出表层 0～10 cm>20～30 cm>10～20 cm>30～40 cm 的规律,这种规律与基质中 TN、TP 和有机质的分布规律一致,说明了基质中酶的活性与基质中 TN、TP 和有机质等污染物的积累密切相关,该研究结果可为人工湿地酶的研究提供一定的理论依据。

关键词:垂直流人工湿地;酶活性;有机污染物;空间分布

2.1 前言

人工湿地已成为一种应用广泛、高效、低成本的污水处理系统[1]。一般可以将分其为自由表面流、水平潜流和垂直流(含潮汐流)三类[2]。其中,垂直流人工湿地在污水处理中表现良好,即使在低温期仍有较好去除效果[3-4]。在人工湿地中,污染物去除主要是通过湿地中基质、微生物、植物的物理、化学、生物三重协同作用完成[5]。一般认为生物作用是人工湿地净化污水的核心因素[6]。而人工湿地中的酶活性高低可直接反应微生物活性,湿地中的土壤酶和微生物一起推动物质转化,一些胞外酶可促进湿地中生物降解[7]。湿地土壤和水体中的植物、微生物及少量动物通过分泌特定催化酶物质,加速可生物降解污染物的转化,并使之进入生物体营养循环。因此,人工湿地中酶活性是衡量其对污染物净化效果的重要指标,湿地中土壤酶活性研究,有助于人为胁迫下湿地退化状况的评价,是深入认识湿地自身生物净化过程的有力手段之一[8]。脲酶、磷酸酶、过氧化氢酶、转化

---

① 本文发表于《环境科学研究》2016 年第 8 期。

酶、蛋白酶和纤维素酶都是土壤中重要的酶,在物质转化中有重要的作用,脲酶能够水解线性酰胺的 C-N 键,存在于大多数细菌、真菌和大多数植物中,且研究表明脲酶和污水中的氮去除有重要关系[9,11]。磷酸酶可促进有机磷化物水解。过氧化氢酶可将土壤和微生物动物体内的过氧化氢水解为水和氧。转化酶可裂解蔗糖,使蔗糖分解为葡萄糖和果糖。蛋白酶可水解各种蛋白质及肽类等化合物为氨基酸,因而人工湿地基质土壤中蛋白酶活性与土壤中氮的转化状况有极其重要的关系。纤维素酶可分解纤维素,是碳循环的重要环节。植物在人工湿地中起重要作用,其中,根际的酶活性显著高于根边缘的酶活性[12],虽已有人工湿地基质酶方面的研究报道,但有关人工湿地基质中酶的空间分布与基质中 TN,TP 和有机质含量的关系的研究报道很少。深入了解人工湿地基质中酶的活性在湿地中垂向的变化,基质中 TN,TP 和有机质垂向变化,以及它们之间的相关关系,可为人工湿地污染物净化机理的研究提供理论依据。

2.2　材料与方法

2.2.1　垂直流人工湿地微宇宙试验装置构建

试验采用 6 个直径 30 cm,高 50 cm 的圆柱形塑料桶作为垂直流人工湿地微宇宙试验装置,试验设置 2 个处理,处理 1 为种植植物系统,处理 2 为是不种植物的系统(CK),每个处理设置 3 个重复。基质填充:填料深度为 45 cm,从下往上依次为 5 cm 的砾石层,40 cm 混合基质(主要成分蛭石与河沙),上方留 5 cm 的灌水区。植物栽种:栽种植物品种为皇竹草,每个处理栽种 2 株,株高选择 15 cm 左右的植株,实验装置如图 2.1 所示。

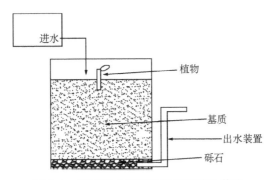

图 2.1　垂直流人工湿地微宇宙试验装置

2.2.2　进水水质

供试污水为人工合成模拟生活污水,其水质状况见表 2.1。

表 2.1　进水水质

单位:mg/L

水质指标	pH 值	TN	TP	COD
变化范围	6.39~6.7	24~38	3.33~4.35	235~359
平均值	—	33	3.39	330

2.2.3　运行管理

实验设施构建于 2013 年 9 月 15 日,10 月 1 日开始运行,2014 年 1 月 20 日结束,灌水方式采用全天连续进水。每天进水量 21 L,水力负荷为 20 cm/d。

2.2.4　土壤采集与分析方法

土壤采集:试验结束时分别在进水口,出水口,根区,找 5 个点并且分层采集填料样,采样深度分别为 0~10 cm,10~20 cm,20~30 cm,30~40 cm,采集完后将部分鲜样放在 4 ℃下保存,用来测量酶的活性值,部分土样风干,用来测定基质中的 TN、TP 和有机质的含量。

分析方法:基质中的 TN 采用半微量开氏法、TP 采用钼锑抗比色法、有机质含量采用重铬酸钾外加热法的测定方法[14];磷酸酶采用磷酸苯二钠,脲酶采用奈氏比色法,过氧化氢酶用高锰酸钾滴定法,转化酶用硫代硫酸钠滴定法,蛋白酶用三氯化铁滴定法,纤维素酶用比色法[13]。

2.2.5　数据分析

采用 Excel 2007 和 SPSS 17.0 软件对数据进行检验分析。

2.3　结果与分析

2.3.1　垂直流人工湿地中基质酶的变化

基质酶随深度的变化见图 2.2。从图 2.2(a)可以看出皇竹草系统和对照系统的脲酶随深度的变化规律如下:0~10 cm>20~30 cm>10~20 cm>30~40 cm,方差分析结果表明,脲酶在表层 0~10 cm 的活性值极显著高于其他深度的活性值($P<0.01$),而其他三个深度之间没有差异。由图 2.2(b)、(d)可以看出,磷酸酶、转化酶随深度的变化规律都与脲酶的变化规律一致:0~10 cm>20~30 cm>10~20 cm>30~40 cm,0~10 cm 的活性值极显著高于其他深度的活性值($P<0.01$),其他三个深度之间没有差异。由图 2.2(c)可知,过氧化氢酶随深度的变化规律如下:0~10 cm>20~30 cm>

10～20 cm＞30～40 cm,且四个深度之间都存在显著差异(P＜0.05)。由图 2.2(e)可知,蛋白酶随深度活性值的变化也是 0～10 cm＞20～30 cm＞10～20 cm＞30～40 cm,但是 0～10 cm,20～30 cm 这两层的蛋白酶活性显著高于其他几层的蛋白酶活性值。由图 2.2(f)可知,纤维素酶的活性值随深度的变化是随着深度的增加而依次降低,且 0～10 cm,10～20 cm 的活性值显著高于 30～40 cm 的活性值。以上 6 种酶在表层 0～10 cm 的酶活性值在两个实验皇竹草系统处理和对照系统处理中表现出显著性差异(P＜0.05)。种植皇竹草的处理表层酶活性显著大于对照系统,其他三个深度的酶活性值在两个不同处理中没有差异。

前人关于酶活性的研究表明大部分酶是随着深度的增加而降低[15-18],且表层显著高于底层。该实验中皇竹草系统和对照系统的脲酶、磷酸酶、过氧化氢酶、转化酶和蛋白酶活性值变化表现出一致的变化规律:0～10 cm＞20～30 cm＞10～20 cm＞30～40 cm,且 0～10 cm 的活性值显著高于其他几个深度,纤维素酶是随着深度的增加而活性值降低,该实验中除了纤维素酶之外的 5 种酶的变化规律并非严格按照前人研究的结果——随基质深度的增加而减小,而表现出 10～20 cm 的活性值反而比 20～30 cm 的低;但是就 20～30 cm,30～40 cm 深度的活性值而言,除了过氧化氢酶以外,其他的酶活性值在这三个深度之间并没有差异,这与 Ling Kong 的研究土层 15 cm 以下的酶活性没有显著差异的结果相似[10]。出现 10～20 cm 深度没活性值降低这种跨越现象的可能原因:皇竹草的根系主要集中在表层 0～10 cm,植株根系的根基微生物对 10～20 cm 的影响很小,同时基质中的污染物从表层往下层迁移,跨越了 10～20 cm 这一层,这也证实了植物根系的状态可以影响植物微生物的分布和酶活性变化[17]。

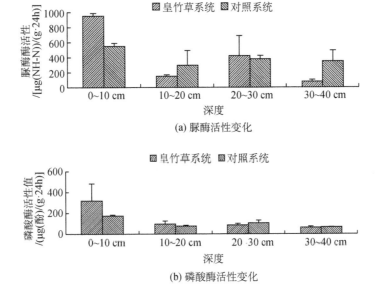

(a) 脲酶活性变化

(b) 磷酸酶活性变化

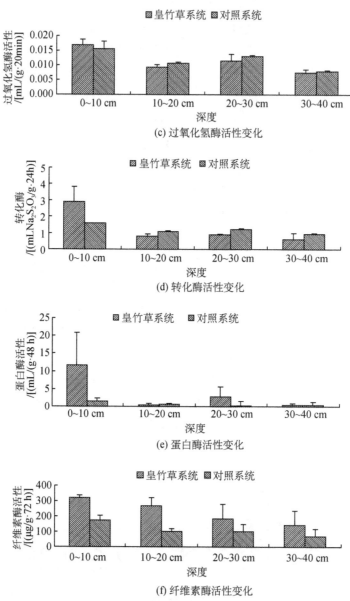

(c) 过氧化氢酶活性变化

(d) 转化酶活性变化

(e) 蛋白酶活性变化

(f) 纤维素酶活性变化

图 2.2　基质酶随深度的变化

2.3.2　垂直流人工湿地中基质污染物的变化

　　基质中污染物随深度的变化见图 2.3。两个处理组的基质中 TN 含量都表现出以下规律：0~10 cm>20~30 cm>10~20 cm>30~40 cm，且 0~10 cm 含量显著高于其他深度的 TN 含量（$P<0.05$），其他几个深度之间的 TN 含量之间没有差异，这与基质中大部分酶含量的规律表现一致。种植皇竹草组的基质中 TP 含量：表层和底层的最高，对照没有种植物组的为 10~20 cm>30~40 cm>20~30 cm>0~10 cm，表层的反而最低,这也说明植株的根系对磷有一定的吸附和截留作用,但 TP 含量在两个处理的四个深度之间没有差异。两个处理组的基质有机质含量的变化:表层和底层的含量最高,10～20 cm 的含量最低,这与基质中大部分酶的变化规律一致,且四个深度的含量变化没有差异。通过对基质酶和基质污染物的相关性分析得出:脲酶、过氧化氢酶和转化酶都和基质 TN 含量呈极显著正相关关系($P < 0.01$);磷酸酶和基质 TP 之间呈极显著的正相关($P < 0.01$);和转化酶和基质 TP 之间显著相关($P < 0.05$);基质有机质与纤维素酶之间显著相关性($P < 0.05$);蛋白酶在该试验中没有和基质污染物表现出相关性。经过酶与基质污染物的相关分析得出,脲酶、过氧化氢酶、磷酸酶、转化酶、纤维素酶与基质污染物表现出显著和极显著的相关性,在对基质污染物的垂直变化的分析上也可看出,三种基质污染物在基质中随深度的变化都是在 10～20 cm 层含量最低,该结果表明基质中的酶活性不仅与基质中的微生物有关,和基质中污染物的浓度和迁移也有直接关系,这与聂大刚等[19]的研究结果相似:土壤酶活性的大小与周围可利用的营养物质有密切关系。

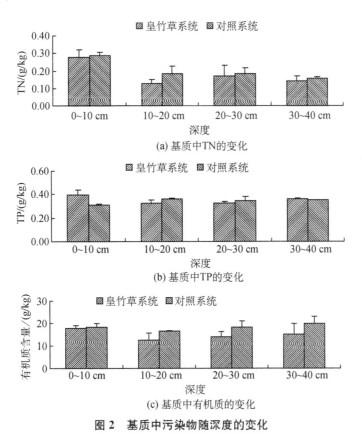

(a) 基质中 TN 的变化

(b) 基质中 TP 的变化

(c) 基质中有机质的变化

图 2　基质中污染物随深度的变化

2.3 结论

通过垂直流人工湿地中 6 种基质酶活性与基质中 TN,TP 和有机质等污染物含量的关系分析,得出如下结果:

(1) 人工湿地系统中种植植物可以显著提高基质酶的活性,有助于湿地中污染物的生物降解;

(2) 基质酶在垂直方向上的分布与基质中污染物浓度积累和迁移有直接关系;

(3) 基质中酶的活性与基质中 TN、TP 和有机质等污染物的积累有着密切的关系。

参考文献

[1] Scholz M, Lee B H. Constructed wetlands: a review [J]. International Journal of Environmental Studies, 2005, 62 (4):21 - 47.

[2] 崔理华,卢少勇. 污水处理的人工湿地构建技术[M]. 北京:化学工业出版社,2009:165.

[3] Cooper P. The performance of vertical flow constructed wetland systems with special reference to the significance of oxygen transfer and hydraulic loading rates [J]. Water Science& Technology, 2005, 51 (9):81 - 90.

[4] Prochaska C A, Zouboulis A I, Eskridge K M. Performance of pilot-scale vertical-flow constructed wetlands, as affected by season, substrate, hydraulic load and frequency of application of simulate urban sewage [J]. Ecological Engineering, 2007, 31: 57 - 66.

[5] Babatunde AO, Zhao Y Q, O'Neill M, et al. Constructed wetlands for environmental pollution control: a review of developments, research and practice in Ireland [J]. Environment International, 2008, 34(1):116 - 126.

[6] Liang W, Wu Z B, Cheng S P, et al. Roles of substrate microorganisms and urease activities in wastewater purification in a constructed wetland system[J]. Ecological Engineering, 2003, 21(23): 191 - 195.

[7] Shackle V, Freeman C, Reynolds B. Exogenous enzyme supplements to promote treatment efficiency in constructed wetlands [J]. Science of the Total Environment. , 2006, 361, 18 - 24.

[8] Mclatchey G P, R eddy K R. Regulation of organic matter decomposition and nutrient release in a wetland soil [J]. Journal of Environmental Quality, 1998, 27(5):1268 - 1274.

[9] 吴振斌,梁威,成水平,等. 人工湿地植物根区土壤酶活性与污水净化效果及其相关分析[J]. 环境科学学报,2001,21(5):622 - 624.

[10] Ling Kong, Yu-Bin Wang, Li - Na Zhao, et al. Enzyme and root activities in surface-flow

constructed wetlands [J]. Chemosphere, 2009, 76, 601 - 608.

[11] Lihua Cui, Ying Ouyang, Wenjie Gu, et al. Evaluation of nutrient removal efficiency and microbial enzyme activity in a baffled subsurface-flow constructed wetland system [J]. Bioresource Technology, 2013, 146, 656 - 662.

[12] Zhang B J, Bai X L, He K L, et al. Distribution status of soil microbes and enzyme activity in bio-salver[J]. Environ. Sci. Technol. , 2007, 30, 26 - 28.

[13] 关松荫. 土壤酶及其研究方法[M]. 北京:农业出版社,1986.

[14] 鲍士旦. 土壤农化分析[M]. 北京:中国农业出版社,2005.

[15] Aon M A, Colaneri A C. Temporal and spatial evolution of enzymatic activities and physico-chemical properties in an agricultural soil [J]. Applied Soil Ecol. , 2001, 18, 255 - 270.

[16] Xu X F, Song C C, Song X, et al. Carbon mineralization and the related enzyme activity of soil in wetland[J]. Ecology and Environment, 2004, 13 (1):40 - 42.

[17] Niemi R M, Vepsalainen M, Wallenius K, et al. Temporal and soil depth-related variation in soil enzyme activities and in root growth of red clover (Trifolium pratense) and timothy (Phleum pratense) in the field [J]. Applied Soil Ecol. , 2005, 30, 113 - 125.

[18] 万忠梅,宋长春. 小叶章湿地土壤酶活性分布特征及其与活性有机碳表征指标的关系[J]. 湿地科学,2008,6(2):249 - 257.

[19] 聂大刚,王亮,尹澄清,等. 白洋淀湿地土壤酶活性空间分布与污染物关系研究[J]. 湿地科学,2008,6(2):204 - 211.

附录3　垂直流人工湿地中邻苯二甲酸二甲酯对微生物分布的影响[①]

许巧玲

摘要：通过构建种植了皇竹草（*Pennisetum sinese*）、象草（*Pennisetum purpureum*）和无植物的3个垂直流人工湿地系统，并利用PCR-DGGE技术，研究这3个垂直流人工湿地投加有毒污染物邻苯二甲酸二甲酯前后，基质中微生物的分布变化和特征。研究结果表明，在邻苯二甲酸二甲酯（DMP）投加前，3个湿地系统基质中微生物多样性和丰度都是上层（0～40 cm）高于下层（40～80 cm），种植象草的B系统上层基质微生物丰度最大（丰富度指数31），其次为种植皇竹草的A系统上层（丰富度指数29）和对照C系统上层（丰富度指数23）。DMP投加后，该物质对三个系统中微生物丰富度的影响较大，但在同一系统中基本上也呈现出上层基质微生物丰度＞下层基质的微生物丰度的结果：A系统上层（丰富度指数24）＞A系统下层（丰富度指数21），C系统上层（丰富度指数29）＞C系统下层（丰富度指数19），B系统上层（丰富度指数27）略低于B系统下层（丰富度指数28）。此外，通过对基质酶活性的监测，3个人工湿地系统中的基质酶活性（脲酶、磷酸酶、过氧化氢酶、转化酶）都为上层显著高于下层（$P<0.05$）。从微生物丰度和酶活性两方面证明上层基质比下层基质更利于微生物生长；在垂直流人工湿地中上层基质层（0～40 cm）是邻苯二甲酸二甲酯降解的主要场所；通过主成分分析（PCA）可知，投加邻苯二甲酸二甲酯缩小了种植植物与对照人工湿地系统基质中微生物的差异性，提高了微生物群落的均匀度。

关键词：垂直流人工湿地；邻苯二甲酸二甲酯；微生物

人工湿地（CW）中的微生物对水体中有机污染物的降解起主要作用。近年来，有关人工湿地微生物的相关研究主要包括人工湿地系统中微生物的多样性[1,2]、微生物酶活性[3,4]、环境条件（温度、pH等）对微生物种群和活性的影响[5]等。人工湿地微生物多样性传统的研究方法主要是通过纯培养技术对微生物菌种进行分离、培养和鉴定，但是自然界中85%～99%的微生物不可纯培养，因此，传统的研究方法可能造成湿地微生物多样性被严重低估[6]。为了避免传统方法局限性，以PCR-TGGE[7]，PCR-DGGE[8~10]，DNA分子指纹技术[11]和高通量测序技术[12]为代表的分子生物学分析技术在环境领域中被广泛

[①]　本文发表于water，2021，13，原文为英文，此处为全文翻译。

应用于人工湿地微生物多样性的研究。邻苯二甲酸酯 (phthalie acid esters, PAEs) 是一类存在于环境中的微量有毒有机污染物,它的化学结构是由一个刚性平面芳环境和两个可塑的非线性脂肪侧链组成。PAEs 的化学结构决定了其理化性质和进入环境后的行为。这类物质种类较多,性质复杂,大多难于降解,具有"三致效应"或慢性毒性,因此引来广泛关注[13]。我国也将 DEP、DMP 和 DOP 3 种 PAEs 确定为环境优先控制污染物。PAEs 在水体中可发生水解、吸附、光化学反应和微生物降解等一系列反应,在自然条件下,环境中 PAEs 消失的主要过程应当是生物降解反应。目前,已有应用人工湿地处理邻苯二甲酸酯类[18-20]有机污染物的研究,都有较好的去除效果。本研究利用 PCR - DGGE 技术,研究垂直流人工湿地系统去除邻苯二甲酸二甲酯 (DMP) 的效果,并研究邻苯二甲酸二甲酯对湿地微生物群落结构和基质酶的影响,以期为垂直流人工湿地微生物群落研究及处理邻苯二甲酸酯类提供依据。

3.1   材料与方法

3.1.1   垂直流人工湿地的构建

通过构建 3 个平行的垂直流人工湿地系统,分别为种植皇竹草 (*Pennisetum sinese*)、象草 (*Pennisetum purpureum*) 和空白对照系统。每个人工湿地为水泥构造,(图 3.1)。在人工湿地系统中,从下至上填充高度为 20 cm 的砾石层 (粒径为 10~25 mm) 和高度为 90 cm 的河沙作为湿地基质层,上部留 10 cm 高的布水区,设置布水系统,在池底部设置集水系统。

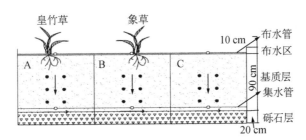

图 3.1   垂直流人工湿地系统剖面和平面示意图

3.1.2   进水水质

人工湿地进水为配制的模拟生活污水,其 pH 为 6.39~6.70,邻苯二甲酸二甲酯质量比为 8~10 mg/kg,总氮、总磷、化学需氧量和溶解氧质量浓度分别为 24~36 mg/L,2~4 mg/L,235~359 mg/L 和 4~6 mg/L。

3.1.3 人工湿地运行管理

人工湿地系统的水力负荷为 20 cm/d,灌水方式采用蠕动泵全天连续进水,每天进水量为 400 L。向人工湿地投加含邻苯二甲酸二甲酯的生活污水,于 11 月 1 日开始取水样监测,每隔 14 d 采集一次水样,监测实验截至 2 月 7 号,共进行 114 d。

3.1.4 样品采集和分析

基质采集和分析:在实验前后,利用管形土钻器采集湿地基质,为了保证基质取样均匀,每个系统基质采集 5 个点,每个点分上下两层,上层为 0~40 cm,下层为 40~80 cm,最后分别将每个系统中 5 个点的上层基质充分混合即为该系统的上层基质样品,三个系统的上层基质样品编号分别为 A-1,B-1、C-1,同样,将 5 个点取得的下层基质充分混合即为该系统的下层基质样品,三个系统的下层基质样品编号分别为 A-2,B-2,C-2,同理,实验结束后采用同样方法进行基质采样,三个系统上层基质编号分别为 a-1,b-1,c-1,下层基质样品编号分别为 a-2,b-2,c-2;采集的基质样品一部分放在 4 ℃ 的冰箱中保存,用来检测酶活性,一部分样品放在 -40 ℃ 超低温冰箱中保存,用来做微生物相关的实验分析。在该实验中,为了减小实验误差,基质采集后用冰盒将样品送到实验室后,当天做基质 DNA 提取,提取后的 DNA 放在 -40 ℃ 的超低温冰箱中保存。

水样采集分析:每隔 14 d 采集水样一次,利用高效液相色谱仪定量监测水样中的 DMP 的浓度。基质酶活性的测定方法[19]:脲酶采用苯酚钠-次氯酸钠比色法,磷酸酶采用磷酸苯二钠比色法,过氧化氢酶采用高锰酸钾滴定法,转化酶采用硫代硫酸钠滴定法。

3.1.5 土壤样品 DNA 的提取和检测

选取 Mobio Power Soil DNA Isolation Kit (MO BIO Laboratories, Inc, Carlsbad, CA)试剂盒,提取土壤样品 DNA。DNA 保存于 -80 ℃ 的超低温冰箱中。

在干冰的条件下,将土壤样品 DNA 送至北京美亿美生物技术有限公司,进行 PCR-DGGE 检测。以样品基因组 DNA 为模板,采用细菌通用引物 GC-338F 和 518R 扩增样品 16S rRNA 基因 V3 区序列。扩增引物为 338F:5′-CCT ACG GGA GGC AGC AG-3′;518R:5′-ATT ACC GCG GCT GCT GG-3′;GC338F:5′-CGC CCG GGG CGC GCC CCG GGG CGG GGC GGG GGC GCG GGG GGC CTA CGG GAG GCA GCA G-3′。将重新扩增的 DNA 片段切胶回收、纯化后,连接到 Pmd18-T 载体上,并转化至大肠杆菌 DH5α 感受态细胞中,筛选阳性克隆,进行序列测定。

3.1.6 数据分析

细菌多样性指数是研究群落物种数和个体数以及均匀度的综合指标。根据电泳图谱中样品条带数目及每个条带的强度(灰度),对各样品中细菌 Shannon-Wiener 多样性指数(H)、均匀度指数(E)和丰富度指数(S)等指标进行分析。采用 Quantity one 软件,利用 DGGE 图谱,对每个样品的电泳条带数目和条带密度进行数字化分析,各指标的计算公式如下:

$$H' = -\sum_{i=1}^{S} p_i \ln p_i = -\sum_{i=1}^{S} (N_i/N)\ln(N_i/N) \tag{3.1}$$

$$E = H/H_{\max} = H/\ln S \tag{3.2}$$

式(3.1)中:p_i 代表样品中单一条带的强度在该样品所有条带总强度中所占的比率;N 代表 DGGE 图谱单一泳道上所有条带的丰度;N_i 代表第 i 条带的丰度;S 代表某样品中所有条带数目总和。

DGGE 图谱采用 Quantity one 软件对每个样品的电泳条带数目、条带密度进行数字化分析;采用 GCTA 软件进行 PCA 分析。

3.2　结果与分析

3.2.1　PCR - DGGE 图谱

对上述每个样品的 PCR 扩增产物进行 DGGE 分析,可以分离出数目不等、位置各异的电泳条带,从而能够鉴别不同处理样品中微生物群落结构的差异(图 3.2)。根据 DGGE 能分离长度相同而序列不同 DNA 的原理,每一个条带大致与群落中的一个优势菌群或操作分类单位(operational taxonomic unit,OTU)相对应。条带数越多说明微生物群落多样性越丰富;条带染色后的荧光强度则反映该类型细菌的丰度,条带信号越亮,表示该种属细菌的数量越多。从而反映湿地中细菌的种类和数量。DGGE 凝胶电泳结果分析结果表明(图 3.2,图 3.3),12 个处理样品的 DGGE 图谱在条带的位置、数目和强度上均存在一定的差异。DGGE 条带显示人工湿地中的优势细菌菌群有 49 类,不同处理间既存在相同的菌群(相同迁移率条带),也存在不同菌群。说明样品之中既存在着共同的微生物,也有着自己独特的微生物类型。从图 3.3 中看出,泳道 1(A-1)和 3(B-1)的 DNA 条带较泳道 5(C-1)丰富,表明种植植物(象草和皇竹草)后,增加了湿地细菌群落的多样性;A-1,B-1 和 C-1 的条带分别较 A-2,B-2 和 C-2 的条带丰富,表明上层湿地基质细菌多样性较下层湿地基质丰富。综上,实验结果表明添加邻苯二甲酸二甲酯(dimethyl phthalate,DMP)、种植植物、基质深度都在不通程度地影响着湿地细菌群落的多样性和结构组成。

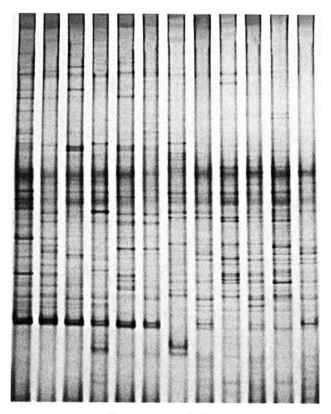

图 3.2 DGGE 电泳图

注:1,2,3,4,5,6 泳道,分别代表样品 A-1,A-2,B-1,B-2,C-1,C-2 样品,这部分样品是人工湿地系统没有投加邻苯二甲酸二甲酯前的基质样品。7,8,9,10,11,12 泳道,分别代表样品 a-1,a-2,b-1,b-2,c-1,c-2,这部分样品是邻苯二甲酸二甲酯实验结束后的基质样品。其中,样品代号中大写英文字母表示投加邻苯二甲酸二甲酯前的基质,小写字母表示投加邻苯二甲酸二甲酯实验结束后的基质(A,a 代表种植皇竹草的 A 系统,B,b 代表种植象草的 B 系统,C,c 代表空白对照 C 系统,阿拉伯数字代表取样深度:1 代表 0~40 cm 上层基质,2 代表 40~80 cm 下层基质)。

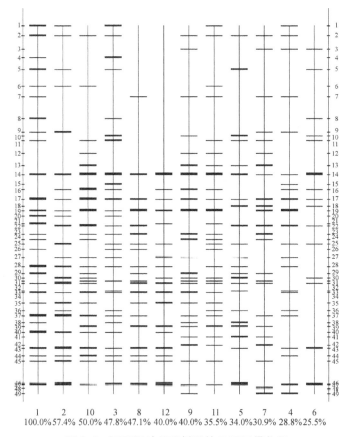

图 3.3　不同湿地处理样品的 DGGE 量化图

注:泳道 1,2,3,4,5,6,7,8,9,10,11,12 分别代表样品 A-1,A-2,B-1,B-2,C-1,C-2,a-1,a-2,b-1,b-2,c-1,c-2;左右两侧数字为按迁移率从小到大对电泳条带进行编号;下侧百分数为各个泳道与 1 号泳道的相似度。

3.2.2　PCR-DGGE 图谱的相似性

由表 3.1 中可以看出,1～6 号泳道中,1 号泳道(种植皇竹草 A 系统的上层 0～40 cm 基质)和 2 号泳道(种植皇竹草 A 系统的下层 40～80 cm 基质)的菌群戴斯系数最高为 57.4%,表明种植同种植物的系统的不同深度基质中存在某些兼性菌。1 号泳道(种植皇竹草 A 系统的上层 0～40 cm 基质)和 4 号泳道(种植象草 B 系统的下层 40～80 cm 基质)相似度较低,为 28.8%,1 和 4 号泳道种植的分别为皇竹草和象草,植物不同,基质层深度不同,导致其根际环境差别较大。研究发现,植物类型和基质层深度对微生物群落分布的影响较大[2]。7～12 号泳道是投加邻苯二甲酸二甲酯后的基质微生物结构组成,不同系统的同一深度之间的戴斯系数比邻苯二甲酸二甲酯投加前的 1～6 号泳道增大,可能是投加邻苯二甲酸二甲酯这种环境激素后,对微生物群落有一定的选择作用,使不同系统间的微生物差异减小,相似度增大。

表 3.1　利用戴斯系数比较 PCR－DGGE 图谱的相似度　　　单位：%

泳道	1	2	3	4	5	6	7	8	9	10	11	12
1	100.0	57.4	47.8	28.8	34.0	25.5	30.9	47.1	40.0	50.0	35.5	40.0
2	57.4	100.0	49.9	43.7	49.1	41.8	23.0	48.7	29.2	48.6	32.3	61.6
3	47.8	49.9	100.0	46.9	49.6	49.2	24.2	45.9	34.8	44.7	39.8	51.8
4	28.8	43.7	46.9	100.0	36.2	40.2	38.1	55.4	37.2	45.1	45.3	40.3
5	34.0	49.1	49.6	36.2	100.0	49.4	34.9	40.7	33.3	38.2	34.7	43.8
6	25.5	41.8	49.2	40.2	49.4	100.0	20.6	41.6	26.5	36.4	35.9	54.1
7	30.9	23.0	24.2	38.1	34.9	20.6	100.0	42.7	55.4	46.0	44.1	18.9
8	47.1	48.7	45.9	55.4	40.7	41.6	42.7	100.0	53.5	66.4	52.6	60.1
9	40.0	29.2	34.8	37.2	33.3	26.5	55.4	53.5	100.0	66.0	65.1	41.3
10	50.0	48.6	44.7	45.1	38.2	36.4	46.0	66.4	66.0	100.0	55.7	54.5
11	35.5	32.3	39.8	45.3	34.7	35.9	44.1	52.6	65.1	55.7	100.0	50.4
12	40.0	61.6	51.8	40.3	43.8	54.1	18.9	60.1	41.3	54.5	50.4	100.0

注：1,2,3,4,5,6分别代表样品编号 A-1,A-2,B-1,B-2,C-1,C-2;7,8,9,10,11,12分别代表样品编号 a-1,a-2,b-1,b-2,c-1,c-2。

3.2.3　基质样品的微生物多样性指数

由表 3.2 中可以看出,不同基质样品的微生物多样性和丰度基本上呈现出上层高于下层的结果,但均匀度指数并没有明显的变化规律。种植象草的 B 系统上层基质微生物丰度最大,其次为种植皇竹草的 A 系统和对照 C 系统。由此可见,上层基质比下层基质更利于微生物生长,是邻苯二甲酸二甲酯降解的主要场所,同时,湿地植物在邻苯二甲酸二甲酯的净化过程中起着重要作用。种植植物的 A 和 B 系统中,在投加邻苯二甲酸二甲酯前后,上层基质微生物丰富度指数和 Shannon-Wiener 多样性指数都是试验前(1 号样品、3 号样品)大于试验结束后(7 号样品、9 号样品),但是种植植物的 A 和 B 系统的下层基质微生物丰富度指数和 Shannon-Wiener 多样性指数是投加邻苯二甲酸二甲酯试验前(5 号样品)小于结束后(11 号样品);对照 C 系统的上下层基质表现一致,都为投加邻苯二甲酸二甲酯实验结束后(11 号样品、12 号样品)丰度大于实验前(5 号样品、6 号样品)。说明湿地系统中投入邻苯二甲酸二甲酯后,对 3 个垂直流人工湿地系统中的微生物群落影响不同,因为邻苯二甲酸二甲酯投入人工湿地系统,可能会诱导相关分解该物质的微生物群落生长繁殖,但对不同处理影响不同。对种植植物的人工湿地系统,邻苯二甲酸二甲酯对植物本身生长有不利影响(如黄叶、总生物量降低),降低上层基质微生物的多样性和丰度,弱化了植物的根际效应,而根际主要集中在上层基质中,故下层基质受植物根系影响较小;邻苯二甲酸二甲酯对对照系统中基质微生物群落的影响,表现为投加邻苯二甲酸二甲酯诱导微生物的生长繁殖,从而增大了人工湿地系统微生物群落的多样性和丰度。

表3.2　人工湿地基质微生物的Shannon-Wiener多样性指数、均匀度指数和丰富度指数

样品编号	多样性	均匀度	丰富度
1	3.33	0.99	29
2	3.22	0.99	26
3	3.38	0.98	31
4	3.07	0.98	23
5	3.08	0.98	23
6	2.73	0.99	16
7	3.13	0.99	24
8	3	0.99	21
9	3.23	0.98	27
10	3.3	0.99	28
11	3.3	0.98	29
12	2.9	0.99	19

　　注:1,2,3,4,5,6分别代表样品编号A-1,A-2,B-1,B-2,C-1,C-2;7,8,9,10,11,12分别代表样品编号a-1,a-2,b-1,b-2,c-1,c-2。

3.2.4　主成分分析结果

　　由图3.4中可以看出,投加邻苯二甲酸二甲酯对人工湿地系统基质中的微生物影响较大。图中每一个点代表一个样品,两点之间的距离越近,表明两者的群落构成差异越小,反之,表示差异越大。投加邻苯二甲酸二甲酯前(A-1,A-2,B-1,B-2,C-1,C-2样品),分散度较大,说明各基质样品之间差异较大,投加邻苯二甲酸二甲酯后(a-1,a-2,b-1,b-2,c-1,c-2样品),分散度降低,可以看出,邻苯二甲酸二甲酯的投加减小了3个人工湿地系统基质中的微生物群落的差异性,说明投加邻苯二甲酸二甲酯这种环境激素后,可以作为引导因子,诱导能利用邻苯二甲酸二甲酯为碳源的微生物生长繁殖,调整系统微生物的群落结构,弱化植物对微生物的影响,缩小了人工湿地系统之间微生物群落的差异性。

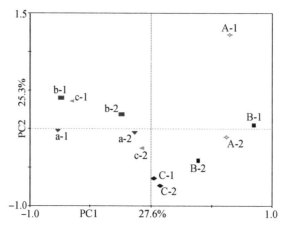

图 3.4　基质样品的主成分分析图

3.2.5　基质的酶活性

基质中脲酶、磷酸酶、过氧化氢酶和转化酶的活性变化规律一致，都表现为上层 0～40 cm 处基质酶活性显著高于下层 40～80 cm 处基质酶活性（$n = 3$，$P < 0.05$）（表 3.3）。基质酶活性高，微生物代谢旺盛。研究发现，在复合垂直流人工湿地净化有机污染物的过程中，微生物和基质酶发挥了关键作用[18]。本研究中，上层基质中的酶活性显著高于下层基质，也说明在 3 个人工湿地湿地系统中，上层基质微生物代谢活跃，可以为邻苯二甲酸二甲酯提供适宜的降解场所。

表 3.3　基质酶活性

	脲酶活性 /[μg/(g·24 h)]			磷酸酶活性 /[μg/(g·24h)]			过氧化氢酶活性 /(nmol/g)			转化酶活性 /[mL/(g·24 h)]		
	A	B	C	A	B	C	A	B	C	A	B	C
上层(0～40 cm)	172.84	167.68	150.84	98.28	102.38	86.28	0.021 1	0.021 3	0.020 5	1.92	1.85	1.85
下层(40～80 cm)	25.84	30.05	32.94	4.81	6.70	2.81	0.007 7	0.007 1	0.006 7	0.90	1.00	0.73

注：表中数据为样品的 3 次重复实验数据的平均值。

3.3　结论

（1）在 3 个构建的垂直流人工湿地系统中，在投加邻苯二甲酸二甲酯（DMP）之前，基质中微生物丰度都是上层(0~40 cm)高于下层(40~80 cm),三个系统的上层基质中微生物丰度大小如下:种植象草的 B 系统微生物丰度(丰富度指数 31)>种植皇竹草的 A 系统微生物丰度(丰富度指数 29)>对照 C 系统微生物丰度(丰富度指数 23);DMP 投加后,该物质对三个系统中微生物丰富度的影响较大,但在同一系统中基本上也呈现出上层基质微生物丰度>下层基质的微生物丰度。表明添加 DMP、种植植物、基质深度都在不通程度地影响着湿地细菌群落的多样性和结构组成。3 个人工湿地系统中的基质酶活性(脲酶、磷酸酶、过氧化氢酶、转化酶)皆呈现上层基质酶活性在 0.05 水平上显著高于下层基质酶活性,说明在垂直流人工湿地中上层基质是微生物活跃区域,是降解邻苯二甲酸二甲酯(DMP)的主要场所。

(2) 投加邻苯二甲酸二甲酯降低了种植皇竹草和象草的 A、B 人工湿地系统中微生物的多样性和丰度;对不种植物的对照人工湿地相反,增大了系统中微生物多样性和丰度。投加邻苯二甲酸二甲酯缩小了种植植物与对照人工湿地系统基质中微生物的差异性。

参考文献

[1] Wang X X, Gong L J, Han W, et al. The microbial diversity analysis of constructed wetland wastewater treatment in village[J]. Applied Mechanics and Materials, 2013, (295 - 298):1098 - 1103.

[2] Long Y, Yi H, Chen S l, et al. Influences of plant type on bacterial and archaeal communities in constructed wetland treating polluted river water[J]. Environmental Science and Pollution Research, 2016, 23(19):19570 - 19579.

[3] Cui L H, Ouyang Y, Gu W Z, et al. Evaluation of nutrient removal efficiency and microbial enzyme activity in a baffled subsurface-flow constructed wetland system[J]. Bioresource Technology, 2013, 146(10):656 - 662.

[4] 吴振斌,梁威,成水平,等. 人工湿地植物根区土壤酶活性与污水净化效果及其相关分析[J]. 环境科学学报, 2001, 21(5):622 - 624.

[5] Faulwetter J L, Burr M D, Parker A E, et al. Influence of season and plant species on the abundance and diversity of sulfate reducing bacteria and ammonia oxidizing bacteria in constructed wetland microcosms[J]. Microbial Ecology, 2013, 65(1):111 - 127.

[6] 梁英娟,罗湘南,付红霞. PCR - DGGE 技术在微生物生态学中的应用[J]. 生物学杂志, 2007, 24(6):58 - 60.

[7] 刘志伟,周美修,宋俊玲,等. 复合垂直流人工湿地污染物去除特征及微生物群落多样性分析[J]. 环境工程, 2014, 32(6):38 - 42.

[8] 刘新春,吴成强,张昱,等. PCR - DGGE 法用于活性污泥系统中微生物群落结构变化的解析[J]. 生态学报, 2005, 25(4):842 - 847.

[9] Trau J, Nurk K, Juhanson J, et al. Variation of microbiological parameters within planted soil filter for domestic wastewater treatment[J]. Journal of Environmental Science and Health, 2005, 40(6 - 7):1191 - 1200.

[10] Menon R, Jackson C R, Holland M M. The influence of vegetation on microbial enzyme activity and bacterial community structure in freshwater constructed wetland sediments[J]. Wetlands, 2013, 33(2):365 - 378.

[11] Kirsten S, Alexandra T, Gunter L, et al. Diversity of abundant bacteria in subsurface vertical flow constructed wetlands[J]. Ecological Engineering, 2009, 35(6):1021 - 1025.

[12] 杨晓永. 污水处理厂活性污泥微生物菌群多样性、群落结构及其与环境因子之间的关系[D]. 厦门:厦门大学, 2013.

[13] Matamoros V, Puigagut J, Garcia J, et al. Behavior of selected priority organic pollutants in horizontal subsurface flow constructed wetlands: a preliminary screening[J]. Chemosphere, 2007, 69(9):1374 - 1380.

[14] Davies L C, Carias C C, Novais J M, et al. Phytoremediation of textile effluents containing azo dye by using Phragmites australis in a vertical flow intermittent feeding constructed wetland[J]. Ecological Engineering, 2005, 25(5):594 - 605.

[15] Matamoros V, Gareia J, Bayona J M. Organic micropollutant removal in a full-scale surface flow constructed wetland fed with secondary effluent[J]. Water Research, 2008, 42(3):653 - 660.

[16] Rose M T, Sanehez Bayo F, Crossan A N, et al. Pesticide removal from cotton farm tailwater by a pilot-scale ponded wetland[J]. Chemosphere, 2006, 63(11):1849 - 1858.

[17] Chevron Cottin N, Merlin G. Study of Pyrene biodegradation capacity in two types of solid media[J]. Science of the Total Environment, 2007, 380(1 - 3):116 - 123.

[18] 吴振斌,赵文玉,周巧红,等. 复合垂直流构建湿地对邻苯二甲酸二丁酯的净化效果[J]. 环境化学, 2002, 21(5):495 - 499.

[19] 关松荫. 土壤酶及其研究法[M]. 北京:中国农业出版社,1986,274 - 329.

[20] Liang W, Deng J, Zhan F, et al. Effects of constructed wetland system o n the removal o f dibutyl phthalate (DBP)[J]. Microbiological Research,2009,164(2):20

附录4 三种负荷因素对垂直流人工湿地土壤堵塞的影响研究[①]

许巧玲,崔理华

摘要:为了了解水力负荷、有机负荷和悬浮物负荷在单因素条件下垂直流人工湿地模拟柱土壤堵塞问题的发生过程,该试验采用垂直流人工湿地模拟土柱试验装置,观察 4 种水力负荷(50,100,150,200 cm/d),4 种有机负荷(50,75,100,125 g/(m² · d))和 4 种悬浮物负荷(25,50,75,100 g/(m² · d))条件下,垂直流人工湿地处理水量的变化过程。为期半年以上的运行试验结果表明:在超高水力负荷条件下(200 cm/d),系统有效使用寿命只有半年时间左右;在高水力负荷(150 cm/d)条件下,系统的运行时间还可以持续 3 个多月;在中水力负荷(100 cm/d)条件下,系统的运行时间还可以持续 6 个月;在低水力负荷(50 cm/d)条件下,系统则可以持续运行较长的时间。人工湿地堵塞后表层基质中有机质的含量和含水率明显增加,并表现出表层>中层>下层的趋势。从有机质的积累量来看,表现出水力负荷>有机负荷>悬浮物固体负荷;从基质含水率来看,表现出水力负荷>悬浮物固体负荷>有机负荷,说明水力负荷因素是影响垂直流人工湿地土壤堵塞的首位负荷。

关键词:垂直流人工湿地,堵塞,水力负荷,悬浮负荷,有机负荷

4.1 前言

人工湿地是近几十年发展起来的一种新型的污水处理技术,它具有投资少、抗冲击、处理效果稳定、景观生态相容性好等诸多优点[1-3],在国内外获得了较为广泛的研究和应用[4]。按照床体布水方法和水流方式的差异,一般可以将人工湿地分为自由表面流、水平潜流和垂直流(含潮汐流)三种类型[5]。不同类型的人工湿地在运行一段时间后,会出现淤积、堵塞的现象湿地表面出现恶臭,严重降低了人工湿地的处理效率和运行寿命[6,7]。鄢璐等[8]比较了芦苇潜流型水平流湿地和垂直流湿地(上行流)的堵塞特性,发现湿地堵塞后土壤中有机质积累量较大,垂直流湿地的堵塞情况较水平流湿地更为严重。这是由

[①] 本文发表于《环境科学与技术》,2014 年第 51 期。

于垂直流人工湿地独特的下行水流方式和去污特点,它更容易发生堵塞现象,而且发生堵塞后,湿地的净化能力会受到严重影响[9]。特别是垂直流人工湿地表层在高负荷条件下更容易出现雍水堵塞的现象。人工湿地在发生堵塞后,基质的渗透系数急剧下降,污水的通过能力也随之降低,大量引入湿地的污水雍积在湿地表面,严重会引发恶臭,严重影响垂直流人工湿地的运行,降低人工湿地运行的寿命[10-14]。人工湿地堵塞后,其基质中孔隙中会填充各种无机悬浮物或有机悬浮物。基质中各指标含量也会上升。垂直潜流人工湿地污水入口周围容易首先产生堵塞现象,堵塞层主要分布于距入水口 10～20 cm 处。此外,基质中无机物积累的程度比有机物更明显,且污染物有随着水流方向沿程迁移的趋势。在有机物积累方面,资料显示基质越深,有机质含量越少。雍水后的人工湿地基质表层有机质含量高于湿地的其他部分[15]。有研究显示,人工湿地堵塞层是由沉降和被过滤的固体颗粒在微生物的作用下累积而成。填料表面堵塞层和空隙中的截留物质由厌氧分解产物如多糖类物质和聚尿类物质[10],以及受低温限制未能降解的有机化合物组成[16]。

目前国内外对堵塞机制和原因一般归结为物理、化学、生物及运行方式四个方面[17]。对有关运行参数和湿地设计对堵塞的影响在人工湿地处理生活污水中做了相应的评估。具体看来,影响人工湿地堵塞的因素可以归结为填料、悬浮颗粒物、有机负荷、水力负荷、植物与微生物等几个方面[18-22]。国内外对人工湿地土壤堵塞问题的预防措施和恢复对策包括:对进水进行预处理、选择合适的基质粒径及级配、选择合理的进水方式、选择合理的湿地植物、选择合适的水力负荷或有机负荷以及对湿地的日常运行进行科学的管理等[21-25]。虽然这些措施可以减轻土壤堵塞问题,但是水力负荷和有机负荷是人工湿地运行的关键,特别是国内人工湿地设计的水力负荷和有机负荷都偏高,往往更容易发生堵塞,而且有关高水力负荷和有机负荷的垂直流人工湿地堵塞问题的研究报道较少。本项目的目的是观察三种负荷(水力负荷、有机负荷和悬浮物负荷)因素条件下垂直流人工湿地堵塞问题的发生过程,为选择合适的负荷条件和科学地运行管理垂直流人工湿地提供理论依据。

4.2 材料与方法

4.2.1 垂直流人工湿地模拟土柱设计

采用 12 根内径为 7.5 cm、高 130 cm 的硬质 PVC 管分别填充中粗砂和碎石基质组成垂直流人工湿地模拟土柱,填料方法是先在底层垫 10 cm 厚直径 3～5 cm 的砾石层,然后填充 100 cm 厚的上述两种基质,其上空余 20 cm 用于灌溉污水。PVC 管下部连接玻璃锥形漏斗,将该系统固定在钢架上,漏斗下部有聚乙烯的塑料桶收集出水。

4.2.2 水力负荷因素试验设计

(1) 水力负荷试验设计:在低有机物和低悬浮固体负荷条件下,选择低、中、高、超高 4

种水力负荷(50,100,150,200 cm/d)条件下进行试验,分别记为 1 号、2 号、3 号、4 号系统,观察不同水力负荷条件下垂直流人工湿地堵塞问题的发生过程及其影响规律。

(2)有机负荷试验设计:在低悬浮物负荷以及低中水力负荷条件下,选择低、中、高、超高 4 种 COD 负荷(50,75,100,125 g/(m^2 · d))条件下进行试验,分别记为 5 号、6 号、7 号、8 号系统,观察不同 COD 负荷条件下垂直流人工湿地堵塞问题的发生过程及其影响规律。

(3)悬浮固体负荷试验设计:低水力负荷和低有机负荷条件下,选择低、中、高、超高 4 种悬浮固体负荷(25,50,75,100 g/(m^2 · d))条件下进行试验,分别记为 9 号、10 号、11 号、12 号系统,观察不同悬浮固体负荷条件下垂直流人工湿地堵塞问题的发生过程及其影响规律。

4.2.3　运行管理方式

进水量的确定:实验进水量根据各人工湿地模拟土柱水力负荷设计和 PVC 管内径计算,4 种水力负荷(50,100,150,200 cm/d)条件下的每日进水量分别为 2.2 L,4.4 L,6.6 L,8.8 L。

灌水方式:采用可调式蠕动泵灌水。

试验运行时间:从 4 月 30 日起,至 11 月 4 日止,共运行了 7 个多月。

4.2.4　供试污水特性

供试污水由人工配制而成,模拟生活污水。投加可溶性淀粉 0.5 g,尿素 0.5 g,磷酸二氢钙 0.2 g,1% $FeCl_3$ 3 mL,奶粉 2 g。药品等级为化学分析纯。

4.2.5　分析与统计方法

基质有机质含量分析:重铬酸钾容量法-外加热法。基质 TN 含量分析:全氮- H_2SO_4 -凯氏消煮法-蒸馏法。基质 TP 含量分析:全磷- $HClO_4$ - H_2SO_4 法。基质含水率含量分析:烘干称重法[26]。

4.3　结果与讨论

4.3.1　不同负荷因素条件下处理水量随运行时间的变化

1. 不同水力负荷条件下处理水量的变化

在低有机物负荷和低悬浮物负荷条件下,采用四种水力负荷(50,100,150,200 cm/d)运行垂直流人工湿地模拟土柱,不同水力负荷条件下垂直流人工湿地模拟土柱处理水量随着运行时间延长的变化规律如图 4.1 所示。由图 4.1 可以看出,低水力负荷(50 cm/d)

和中水力负荷(100 cm/d)系统随着系统的运行,处理水量处于稳定的状态,一直可以保持实验设定的 2.2 L/d 和 4.4 L/d。但是高水力负荷(150 cm/d)和超高水力负荷(200 cm/d)系统随着系统的运行时间的延长,出现很大的波动,而且整体处于下降的趋势。在实验运行两个月(6 月 21 号)之后,高水力负荷和超高水力负荷系统就开始出现处理水量下降,可见系统在运行两个月内,高水力负荷的系统已经出现堵塞,尤其是超高水力负荷系统最早出现处理水量下降。此后,高水力负荷的处理水量一直处于较为稳定的状态,但始终低于实验设计的进水量6.6 L/d 和 8.8 L/d。当系统运行五个月(9 月 23 日)之后,高水力负荷和超高水力负荷系统的进水量降低情况最明显,已经与低、中水力负荷系统的处理水量相似,可见高水力负荷系统此时的堵塞问题已经较为严重,甚至无法进水。由进水量可以推测,高水力负荷系统在运行两个月后出现堵塞,五个月之后出现严重堵塞,这说明高、超高水力负荷系统随着运行时间的延长,系统中的孔隙率减少,出现堵塞,最终导致系统进水量的降低。而中水力负荷系统运行 6 个月后也开始出现处理水量偶尔下降的现象,至于低水力负荷系统则能够保持处理水量不变。

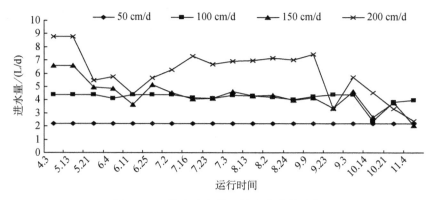

图 4.1　不同水力负荷下的进水量的变化

2. 不同有机负荷条件下处理水量的变化

在低水力负荷(50 cm/d)和低悬浮物负荷(25 g/(m² · d))条件下,采用低、中、高、超高有机负荷(COD 负荷分别为 50,75,100,125 g/(m² · d))进行试验,不同有机负荷条件下各系统处理水量的变化情况如图 4.2 所示。

由图 4.2 可以看出,实验前期和中期,有机负荷的实验系统的进水量都处于较为稳定的状态。超高有机负荷系统运行五个月之后(9 月 23 号)进水量开始出现小幅下降,直到系统运行半年之后(10 月 21 日)超高有机负荷系统才出现了最明显的下降,此后又回到计划进水量 2.2 L/d 附近。而低、中、高有机负荷系统在运行过程中,进水量没有明显的变化,只是在实验运行后期出现小幅波动,进水量变化不明显。可见有机负荷系统在运行过程中并没有出现明显的堵塞,只有高有机负荷(125 g/(m² · d))出现了一定程度的堵塞,这也说明有机负荷因素对垂直流人工湿地堵塞的影响不明显。

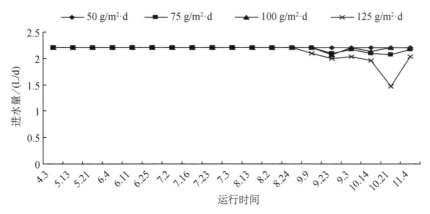

图 4.2　不同有机负荷下的进水量的变化

3. 不同悬浮物负荷条件下处理水量的变化

在低水力负荷(50 cm/d)和低有机负荷(50 g/(m² · d))条件下,采用低、中、高、超高悬浮物负荷(SS 负荷分别为 25,50,75,100 g/(m² · d))进行实验,不同悬浮物负荷条件下各系统处理水量的变化情况如图 4.3 所示。由图 4.3 可以看出,实验前期和中期,悬浮固体负荷的实验系统的进水量都处于较为稳定的状态。低、中、高悬浮物负荷系统在运行期间都没有较大的波动,进水量都保持在实验设定值 2.2 L/d。当实验运行 6 个月(十月份)之后才出现了小幅度的波动。但是超高悬浮固体负荷(SS 负荷 100 g/(m² · d))在实验系统运行四个月之后(8 月 23 号)之后的进水量就出现下降,当系统运行半年之后(10 月 21 日),系统的进水量下降明显,直到实验结束,12 号系统的进水量只有 0.5 L/d 左右,进水量很少。这也说明高悬浮固体负荷系统在运行过程中已经出现了严重堵塞,但其出现堵塞的实验时间比水力负荷系统的要晚,但比有机负荷系统出现的时间早,可见悬浮固体负荷对湿地堵塞的影响比水力负荷因素小,但是比有机负荷因素大。

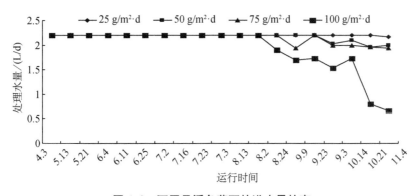

图 4.3　不同悬浮负荷下的进水量的变

4.3.2 垂直流人工湿地基质中有机质含量的分布情况

在系统运行一段时间后对其垂向沿程基质层有机质进行测定分析,结果如表4.1所示。由表4.1可以看出,基质中有机质的含量变化表现为表层>下层>中层的趋势,这可能是由于系统表层对污染物有一定的拦截作用,导致污染物在湿地表层的积累量较高。但由于系统中的氧含量分布为中层>下层,容易在下层形成厌氧环境,从而降低了微生物对有机物的降解能力,使下层的有机质含量高于中层。对比不同单因素系统中有机质的含量可以看出,4号(超高水力负荷)16.73 g/kg>8号(超高有机负荷)14.89 g/kg>12号(超高悬浮固体负荷)13.05 g/kg。4号系统表层积累了较多的有机质,虽然8号系统中进水的有机物含量高于4号和12号系统,但其基质表层的有机质含量仍低于超高水力负荷条件,由此可见,高水力负荷对系统的有机质的积累贡献较大。有研究认为基质中有机质的积累是造成湿地堵塞的一个重要原因[27,28]。

表 4.1　基质有机质分布　　　　　　　　　　　单位:g/kg

系统编号	水力负荷系统				有机负荷系统				悬浮固体负荷系统			
	1	2	3	4	5	6	7	8	9	10	11	12
表层	4.361	5.573	6.676	16.73	3.612	11.51	11.35	14.89	5.205	10.76	12.84	13.05
中层	1.362	1.811	2.318	1.888	1.732	1.629	2.535	2.536	1.757	1.807	1.473	1.927
下层	1.901	2.514	1.334	1.968	2.336	1.946	2.867	2.808	1.889	1.925	1.799	1.457

4.3.3 基质中含水率的分布情况

在系统运行一段时间后对其垂向沿程基质层含水率进行测定分析,结果见表4.2。由表4.2可以看出,基质中含水率的变化在低水力负荷、低有机负荷、低悬浮固体负荷条件下表现为下层>中层>表层的趋势,但是在三个单因素的高负荷条件下却呈现了下层>表层>中层的趋势。这可能是由于系统在高负荷条件下出现了堵塞,污水在高负荷系统表层停留时间较长,尤其是4号和12号,表层的含水率高于中层和下层,这可能是由于系统在运行过程中,4号和12号堵塞,在表层出现了雍水的现象,导致基质的含水率较高。在水力负荷实验中,1号,2号和3号,4号之间的表层含水率相差较大,可以看出3号150 cm/d和4号200 cm/d出现了一定程度的堵塞,在有机负荷实验中,7号100 g/(m² · d)与8号125 g/(m² · d)之间差别较大,说明高有机负荷8号也出现了堵塞,这与水质分析结果一致。在悬浮固体负荷的实验中,12号100 g/(m² · d)表层的含水率也出现了明显升高,说明高悬浮固体系统也出现了堵塞。

分别对比不同单因素系统中含水率可以看出,4号(高水力负荷)11.33%>12号(高悬浮固体负荷)10.66%>8号(高有机负荷)3.886%。高水力负荷表层基质的含水率较高,由此可以看出水力负荷对系统基质影响较严重。12号高悬浮固体负荷的表层基质含水率也达到很高的水平,其下层基质的含水率也很高,说明其系统内积累了很多的水分,这也说明高悬浮固体负荷系统也出现了较严重的堵塞。堵塞程度为水力负荷系统>悬浮固体负荷系统>有机负荷系统。

表 4.2　基质含水率分布　　　　　　　　　　　　　　　单位:%

	水力负荷系统				有机负荷系统				悬浮固体负荷系统			
	1	2	3	4	5	6	7	8	9	10	11	12
表层	2.403	4.384	9.043	11.33	2.432	2.224	2.640	3.886	2.105	2.949	4.208	10.66
中层	3.219	3.409	4.305	3.878	2.913	3.147	3.391	3.389	3.106	3.130	2.808	7.865
下层	9.251	8.707	10.62	8.058	7.231	8.507	8.474	7.828	8.553	9.358	9.332	11.59

4.4　结论

(1) 超高水力负荷系统(200 cm/d)运行 2 个月就出现堵塞,5 个月之后出现严重堵塞,系统有效使用寿命只有半年时间左右;高水力负荷系统(150 cm/d)运行 3 个月开始出现堵塞,6 个月后出现严重堵塞,估计还可以持续 3 个多月时间;中水力负荷(100 cm/d)系统运行 6 个月开始出现堵塞现象,估计还可以持续 6 个月时间;低水力负荷(50 cm/d)系统运行 7 个月无堵塞现象,估计系统可以持续运行较长的时间。

(2) 人工湿地堵塞后表层基质中有机质的含量和含水率明显增加,并表现出表层>中层>下层的趋势。从有机质的积累量来看,表现出水力负荷>有机负荷>悬浮物固体负荷;从基质含水率来看,表现出水力负荷>悬浮物固体负荷>有机负荷,说明水力负荷因素是垂直流人工湿地土壤堵塞的首位负荷。

参考文献

[1] Zhang D Q, Gersberg R M, Keat T S. Constructed wetlands in China [J]. Ecological Engineering, 2009,35,1367 - 1378.

[2] Vymazal J. The use of sub-surface constructed wetlands for wastewater treatment in the Czech Republic:10 years experience[J]. Ecological Engineering,2002,18,633 - 646.

[3] Chen H. Surface-flow constructed treatment wetlands for pollutant removal: applications and perspectives [J]. Wetlands,2011,31,1 - 10.

[4] Greenway M. Suitability of macrophytes for nutrient removal from surface flow constructed wetland

receiving secondary treated sewaged effluent in Queensland, Australia[J]. Water Science and Technology,2003,48(2):121-128.

[5] 崔理华,卢少勇.污水处理的人工湿地构建技术[M].北京:化学工业出版社,2009:165.

[6] 朱彤,许振成,胡康萍,等.人工湿地污水处理系统应用研究[J].环境科学研究,1991,4(5):17-22.

[7] 詹德昊,吴振斌,张晟,等.堵塞对复合垂直流湿地水力特征的影响[J].中国给水排水,2003,19(2):1-4.

[8] 鄢璐,王世和,黄娟,等.潜流人工湿地机理堵塞特性试验研究[J].中国给水排水, 2008,29(3):627-631.

[9] 张翔凌,吴振斌,武俊梅,等.不同基质高负荷垂直流人工湿地水力特性研究.武汉理工大学学报, 2008,30(7):79-83

[10] Thomas R E, Schwartz W A, Bendixen T W. Soil chemical changes and infiltration rate reduction under sewage spreading[J]. Soil Science, 1996,30(11):641-646.

[11] He H Z, She L K. Treatment of wastewater in chemistry laboratory through flocculent settling and constructed wetlands [J]. Meteorological and Environmental Research, 2010, 1(4):15-17.

[12] 尚文,杨永兴,等.人工湿地基质堵塞问题及防治新技术研究[J].安徽农业科学,2012,40(28):13945-13947.

[13] 于涛,吴振斌,徐栋,等.潜流型人工湿地堵塞机理及其模型化[J].环境科学与技术,2006,29(6):74-76.

[14] 高天霞,李毅,郭婷,等.人工湿地系统改善滇池入湖水质[J].净水技术,2011,30(2):28-32.

[15] 叶建锋,徐祖信,李怀正.垂直潜流人工湿地堵塞微观概念模型的提出[J].环境污染与防治,2008,30(2):16-19.

[16] De Vries J. Soil filtration of waste water effluent and the mechanism of pore clogging[J]. Water Pollution Control Fed,1972,44:565-573.

[17] Dong Y. Wilinski P, Dzakpasu M. Impact of hydraulic loading rate and season on water contaminant reductions within integrated constructed wetlands [J]. Wetlands. 2011,31, 499-509.

[18] 杜中典,崔理华,肖乡等.污水人工湿地系统中有机物积累规律与堵塞机制的研究进展[J].农业环境保护,2002,21(5):474-476.

[19] Platzer C, Mauch K. Soil clogging in vertical flow reed beds-Mechanisms, parameters,consequences and solutions[J]. Water science and technology,1997,35(5):175-181.

[20] Tanner C C, Sukias J P. Accumulation of organic solids in gravel bed constructed wetlands[J]. Water Sci. Tech,1995, 32:229-240.

[21] Siegrist R L. Soil clogging during subsurface wastewater infiltration as affected by effluent composition and loading rate[J]. Environ. Qual. ,1987,16:181-187.

[22] 张翔凌,张晟,贺锋,等.不同填料在高负荷垂直流人工湿地系统中净化能力的研究.[J]农业环境科学学报,2007,26(5):1905-1910.

[23] Winter K J,Goetz D. The impact of sewage composi-tion on the soil clogging phenomena of vertical flow constructed wetlands[J]. Water Sci. Technol. , 2003, 48(5):9-14.

[24] 朱洁,陈洪斌.人工湿地堵塞问题的探讨[J].中国给水排水,2009,(6):24-28.

158

［25］王磊,尤朝阳,袁志慧. 人工湿地的堵塞机理与解决措施[J]. 西 南 给 排 水,2014,36(5):6-12.

［26］鲍士旦. 土壤农化分析[M]. 北京:中国农业出版社,2005.

［27］Pan J,Yu L. Characteristics of subsurface wastewater infiltration systems fed with dissolved or particulate organic matter. Int. J. Environ. Sci. Technol. ,2013. DOI 10. 1007/s13762-013-0408-8.

［28］Zhan D H,Wu Z B,Xu G L. Organic matter accumulation and substrate clogging in integrated vertical-flow constructed wetland[J]. China Environ. Sci. ,2003,23:457-461.

附录5 堵塞对垂直流人工湿地中酶活性和污染物去除效果的影响

许巧玲,温学园,汪丽,张凤,王萍

摘要:随着人工湿地持续运行,基质堵塞不可避免,了解湿地堵塞后对基质酶活性和污染物去除的影响对基质堵塞后湿地的科学管理有指导意义。该实验通过构建2个垂直流人工湿地模拟系统,通过监测孔隙度变化,初步判定堵塞情况,实验发现该湿地系统堵塞主要发生在10~20 cm层。从湿地堵塞后酶活性和污染物去除效果变化发现基质堵塞初期对COD去除影响不大,但对TP去除影响较大。实验结果发现在基质表层添加适量生物炭可以提高脲酶、磷酸酶和过氧化氢酶的活性,有利于湿地对TN,TP的去除,但堵塞会严重降低三种酶的活性。

关键词:垂直流人工湿地;TN;TP;COD;酶活性;去除效果

5.1 前言

人工湿地是一种成熟的处理技术,处理效果好,成本低[1,2]。但是随着湿地系统的运行,堵塞成为目前人工湿地运行中不可避免的重要问题[3-4],也是影响湿地可持续除污的主要因素之一[5]。研究湿地堵塞后对目标污染物去除的影响对湿地系统的科学运行和管理有实际意义。人工湿地根据其水流方式不同分为表面流湿地、潜流湿地和垂直流湿地三种类型。其中,垂直流人工湿地占地面积较小,有较强的输氧能力[6],对有机污染物去除有较好的效果,因此被广泛应用于污水处理当中[7]。然而,在实际应用过程中,垂直流人工湿地更容易发生堵塞[8],基质堵塞会严重阻碍氧运输,导致有效孔隙减小,从而导致系统除污效果降低[9-13]。孔隙度可以作为衡量基质堵塞的指标[4]。本实验模拟构建两个垂直流人工湿地(湿地CW-B和湿地CW-C),为了排除植物根系对基质的干扰,直接研究基质中物质的累积情况,实验系统都没有种植湿地植物。两个系统的主要填料为河沙,CW-B系统表层添加了生物炭,CW-B为对照(未添加生物炭),实验期间对比了两个系统在运行过程中的除污效果和基质酶活性,为湿地堵塞后的科学管理提供依据。

5.2　材料方法

5.2.1　构建垂直流人工湿地

实验设置两个平行的垂直流人工湿地,分别为 CW - B 系统和 CW - C 系统。湿地构筑物尺寸统一为 88 cm × 67 cm ×65 cm(长度×宽度×高度),自下而上依次铺设 15 cm 厚的砾石块,30 cm 厚的河沙,20 cm 的布水区。CW - C 系统为对照系统,CW - B 系统中表面基质添加少量生物炭。生物炭是废弃生物质在厌氧条件下热解得到的富碳产物[14, 15]。许多研究表明,生物炭具有较大的比表面积、高的多孔结构和较强的阳离子交换能力,可以有效地去除废水中的污染物,也证明生物炭的添加可以改变微生物群落结构,从而提高氮的去除效果[16]。系统在试运行挂膜两周后,于 2020 年 9 月 13 日开始正式运行,采用计量水泵灌水,水力负荷为 10 cm/d。每周检测一次水质指标。

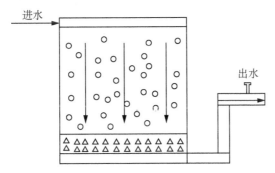

图 5.1　人工湿地剖面图

5.2.2　进水水质

表 5.1　人工湿地进水水质

水质指标	TN/(mg/L)	TP/(mg/L)	COD/(mg/L)	SS/(mg/L)	PH 值	ORP/(mV)
	33.91~40.73	5.59~6.21	238.03~504.25	239.00~290.00	7.30~7.96	56.40~23.40

5.2.3　指标检测方法

1. 基质孔隙度检测

取垂直流人工湿地中 0~10 cm,10~20 cm,20~30 cm 中的基质各 10 mL(V),烘干后称其重量(m_s),根据以下公式计算:

$$n = 1 - \frac{\rho d}{G_s \cdot \rho_w} \tag{5.1}$$

式中:G_s 为基质比重;ρ_w 为 4 ℃ 时蒸馏水的密度;ρ_d 为干密度,$\rho_d = m_s/V$;m_s 为烘干基质

的重量;V 为基质的体积。

基质比重采用比重瓶法测定:先将烘干的比重瓶注满蒸馏水,称瓶加水的重量。再将烘干基质若干克装入比重瓶中,注满蒸馏水,称瓶加基质加水的重量,按下列公式计算:

$$G_s = \frac{m_s}{m_1 + m_s - m_2}$$ (5.2)

式中:m_1 为瓶加水的重量;m_2 为瓶加基质加水的质量。

2. 水质指标和酶活性的检测

脲酶、磷酸酶、过氧化氢酶[17];TN,TP,COD 采用国标法测定[18]。

5.2.4 数据分析

利用 Excel 2007 和 SPSS(IBM) 26.0 软件计分析的平均值和标准误差。本书的统计分析重复为绝对样品重复。

5.3 结果分析

5.3.1 垂直流人工湿地基质孔隙度

大量研究已经证实孔隙度可以作为评价堵塞的重要参数。系统运行一个月后就发生不同程度的堵塞,由图 5.2 可知,实验结束后,通过监测不同基质层的孔隙度发现两个系统中三个层次中孔隙度大小都表现为上层>下层>中层,中层的孔隙度最小,可能因为随水流动方向的影响,导致该实验中不可滤物质主要积累在中层。

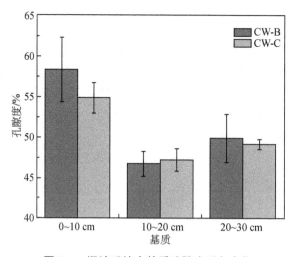

图 5.2　湿地系统中基质孔隙度垂向变化

1. 湿地系统中污染物去除效果变化

随着系统运行,11 月 21 号 CW‐B 出现上层基质完全雍水,CW‐C 仅出现小面积雍水。从图 5.3 中可看出 CW‐B 和 CW‐C 中 TN 的平均去除率分别为 23.8%,20.8%;COD 的平均去除率皆大于 77%;TP 的平均去除率分别为 29.5%,26.8%。实验中添加生物炭基质的 CW‐B 系统在 TN,TP 的去除效果高于不添加生物炭基质的对照系统 CW‐C。该实验中堵塞对 COD 的去除影响不大,直到实验结束,堵塞严重的 CW‐B 系统中 COD 去除率仍高达 87.2%,CW‐C 中 COD 去除率为 71.8%。堵塞对 TP 去除影响最大,实验结束时(1 月 24 号),CW‐B 系统已经严重堵塞 2 个月,堵塞面积为 0.589 m^2,CW‐C 系统为部分堵塞,堵塞面积为 0.236 m^2。实验结束时 CW‐B 中 TP 去除率为 4%,CW‐C 中 TP 去除率为−9.8%。堵塞程度严重、堵塞时间更长的 CW‐B 系统中 TP 平均去除率高于 CW‐C 系统中 TP 的平均去除率。

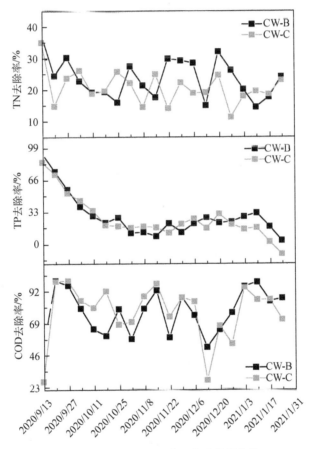

图 5.3　湿地中各污染物去除效果变化

2. 湿地系统中酶活性变化

实验结束后 CW‐B、CW‐C 系统中磷酸酶、脲酶和过氧化氢酶活性分别为 0.89 mg/

(100 g・24 h),1.11 mg/(100 g・24 h),0.15 mL(/g・20 min)和 0.33 mg/(100 g・24 h),0.93 mg/(100 g・24 h),0.10 mL/(g・20 min),系统 CW-B 中的酶活性整体比 CW-C 系统中的高。

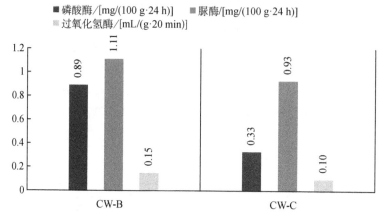

图 5.4　湿地中酶活性变化

5.4　讨论

5.4.1　垂直流人工湿地堵塞后对污染物去除效果影响

实验中系统 CW-B 和系统 CW-C 去除 COD 效果都较好,即使两个系统都出现堵塞情况,但 COD 的平均去除率皆大于 77%,说明湿地基质堵塞对 COD 去除效果影响不大,Vymazal[12]调研运行 15 年后得出结论:出现积水现象的水平潜流人工湿地对出水 COD 没有显著影响。两个系统中 TN 的平均去除率整体偏低,究其原因是 TN 的降解主要靠生物的硝化和反硝化过程[19],其中反硝化是氮完全去除的主要途径,该实验中两个系统中溶解氧平均含量都大于 3 mg/L,从而导致两个系统的 TN 平均去除率整体偏低。该实验中,CW-B 系统堵塞时间比 CW-C 的堵塞时间更长,但是 CW-B 中 TP 的平均去除率更高,究其原因有两点:(1) CW-B 系统中与磷去除相关的磷酸酶比 CW-C 系统中活性更高;(2) CW-B 系统中 0~10 cm 基质层中含磷量显著高于 CW-C 系统中含量,添加生物炭更利于表层基质磷的吸附截留。

5.4.2　垂直流人工湿地堵塞后的酶活性变化

系统 CW-B 和系统 CW-C 中的脲酶、磷酸酶和过氧化氢酶都表现出一致规律,统 CW-B 大于系统 CW-C,究其原因可能是生物炭的添加更有利于微生物在基质层附着繁殖。系统堵塞后两个系统中磷酸酶、脲酶和过氧化氢酶活性范围分别为 0.33~0.89 mg/

(100 g・24 h),0.93～1.11 mg/(100 g・24 h),0.10～0.15 mL/(g・20 min)比之前酶活性的研究低一个数量级[20],从酶活性角度看堵塞会降低相关酶活性,尽管在该实验中 COD 的去除率变化不大,但从长远看仍然会影响 COD 的降解,因为在湿地中 COD 降解主要依靠微生物分解作用。

5.5　结论

在该垂直流人工湿地中,堵塞主要发生在中层 10～20 cm 层,在基质中添加生物炭可以提高脲酶、磷酸酶和过氧化氢酶的活性,有利于提高湿地 N、P、COD 的去除效果;堵塞初期,堵塞对 COD 影响最小,对 TP 影响最大。长期堵塞会降低磷酸酶、脲酶和过氧化氢酶活性。

参考文献

[1] Knight R L, Payne, V W E, Borer R E. Constructed wetlands for livestock wastewater management [J]. Ecol. Eng, 2000(15): 41-45.

[2] Xu Q L, Hunag Z J, Wang X M, Cui L H (2015) Pennisetum sinese Roxb and Pennisetum purpureum Schum. as vertical-flow constructed wetland vegetation for removal of N and P from domestic sewage. Ecol. Eng., 83, 120-124.

[3] Keng T S, Samsudin M F R, Sufian S (2021) Evaluation of wastewater treatment performance to a field-scale constructed wetland system at clogged condition: A case study of ammonia manufacturing plant. Sci. Total Environ., 759,143489.

[4] Matos M P, Von Sperling M, Matos A T, Aranha P R A, Santos M A, Pessoa F D B, Viola P D D (2019) Clogging in constructed wetlands: Indirect estimation of medium porosity by analysis of ground-penetrating radar images. Sci Total Environ., 676,333-342.

[5] Zhou X, Chen Z, Li Z, Wu H (2020) Impacts of aeration and biochar addition on extracellular polymeric substances and microbial communities in constructed wetlands for low C/N wastewater treatment: Implications for clogging. Chem Eng J (Lausanne) 396 doi:10.1016/j. cej. 2020. 125349

[6] Cooper P (2005) The performance of vertical flow constructed wetland systems with special reference to the significance of oxygen transfer and hydraulic loading rates. Water Sci. Technol., 51, 81-90.

[7] Xu Q L, Cui L H (2019) Removal of COD from synthetic wastewater in vertical flow constructed wetland. Water Environ. Res., 91,1661-1668.

[8] Pucher B, Langergraber G (2019) The State of the Art of Clogging in Vertical Flow Wetlands.

Water,11,2400.

[9] Aiello R, Bagarello V, Barbagallo S, Iovino M, Marzo A, Toscano A (2016) Evaluation of clogging in full-scale subsurface flow constructed wetlands. Ecol. Eng. , 95,505 – 513.

[10] Knowles P, Dotro G, Nivala J, García J (2011) Clogging in subsurface-flow treatment wetlands: Occurrence and contributing factors. Ecol. Eng. , 37,99 – 112.

[11] Pedescoll A, Corzo A, Alvarez E, Garcia J, Puigagut J (2011) The effect of primary treatment and flow regime on clogging development in horizontal subsurface flow constructed wetlands: An experimental evaluation. Water Res. , 45,3579 – 3589.

[12] Vymazal J (2018) Does clogging affect long-term removal of organics and suspended solids in gravel-based horizontal subsurface flow constructed wetlands? Chem. Eng. J. , 331, 663 – 674.

[13] Wang H, Sheng L, Xu J (2021) Clogging mechanisms of constructed wetlands: A critical review. Journal of Cleaner Production, 295, 126455.

[14] Gupta P, Ann T W, Lee S M (2015) Use of biochar to enhance constructed wetland performance in wastewater reclamation. Environ. Eng. Sci. , 21,36 – 44.

[15] Hou J, Huang L, Yang Z M, Zhao Y Q, Deng C R, Chen Y C, Li X (2016) Adsorption of ammonium on biochar prepared from giant reed. Environ. Sci. Pollut. Res. , 23,19107 – 19115.

[16] Deng C R, Huang L, Liang, Y K, Xiang H Y, Jiang J, Wang Q H, Hou J, Chen Y C (2019) Response of microbes to biochar strengthen nitrogen removal in subsurface of constructed wetlands: microbial community structure and metabolite characterstics. Sci. Total Environ. , 694, 133687.

[17] 关松荫,土壤及其研究方法[J].中国农业出版社.

[18] 国家环境保护局. 水、废水监测分析方法[J]. 北京:中国环境科学出版社,1989.

[19] 卢少勇,金相灿,余刚. 人工湿地的氮去除机理[J]. 生态学报,2006(26), 2670 – 2677.

[20] Xu Q L, Chen S N, Huang Z J, Cui L H, Wang X M (2016) Evaluation of Organic Matter Removal Efficiency and Microbial Enzyme Activity in Vertical-Flow Constructed Wetland Systems. Environments, 26,1 – 9.